Suma Sanikommu

Fitase microbiana - uma solução ecológica para o problema ambiental dos fosfatos

Suma Sanikommu

Fitase microbiana - uma solução ecológica para o problema ambiental dos fosfatos

ScienciaScripts

Imprint

Cover image: www.ingimage.com

This book is a translation from the original published under ISBN 978-620-2-31059-8.

Publisher:
Sciencia Scripts
is a trademark of
Dodo Books Indian Ocean Ltd. and OmniScriptum S.R.L publishing group

120 High Road, East Finchley, London, N2 9ED, United Kingdom
Str. Armeneasca 28/1, office 1, Chisinau MD-2012, Republic of Moldova, Europe
Printed at: see last page
ISBN: 978-620-8-34197-8

ÍNDICE DE CONTEÚDOS

CAPÍTULO 1

Introdução

1.1: Ácido fítico

O ácido fítico (AF) mio-inositol (1, 2, 3, 4, 5, hexakisfosfato) é um elemento comum presente nos cereais e nas sementes. O ácido fítico, também designado por fitato (sal) (Ciofalo, et al., 2003), é a principal forma de armazenamento de fósforo (P) e inositol. É responsável por 60-90% do teor total de fósforo nas plantas. O ácido fítico tem uma carga aniónica, pelo que se liga a iões metálicos divalentes como o Ca^{2+} , o Zn^{2+} e o Cu^{2+} . Por conseguinte, a sua solubilidade é baixa no trato digestivo dos animais. Além disso, as interações do ácido fítico com iões metálicos divalentes podem alterar a estrutura das proteínas. Consequentemente, diminui a atividade enzimática, a solubilidade e a digestibilidade proteolítica (Kim, et al., 2006). Atualmente, o papel do ácido fítico tem vindo a aumentar no campo da medicina, como a inibição do crescimento neoplásico, o aumento da atividade das células assassinas naturais (Baten, et al.,1989), a alteração da transdução de sinais (Dong, et al.,1999), a estimulação de genes para uma maior diferenciação celular (Saied e Shamsuddin,1998) e a atividade antioxidante (Graf e Eaton,1990). Além disso, o ácido fítico actua como cofator para diferentes enzimas de edição de ARN e é também necessário para a produção de pirofosfatos de inositol, que estão envolvidos no processo de apoptose. Além disso, o fitato actua numa vasta região de pH. A um pH ácido, a protonação dos grupos fosfato do fitato gera a forma isenta de metais, ao passo que, a um pH neutro, a desprotonação dos grupos fosfato do fitato aumenta a afinidade pelos iões metálicos divalentes. Consequentemente, o fitato forma complexos metálicos com catiões metálicos divalentes, tais como Ca^{2+} , Mg^{2+} , Zn^{2+} , Cu^{2+} , Fe^{2+} e Mn^{2+} . Estas interações alteram a estrutura da proteína, o que diminui a atividade enzimática, a solubilidade da proteína e a digestibilidade proteolítica. Os polifenóis e o ácido fítico podem afetar a digestibilidade do amido através da interação com a enzima amilase (Yoon, et al.,1983).

1.2: Aspectos positivos do ácido fítico

1.2.2: O fitato como agente anti-cancro

O ácido fítico (AF) ou IP6 está naturalmente disponível em alimentos de origem vegetal, tais como leguminosas, farelo de trigo e alimentos de soja (Fox e Eberl, 2002). O IP6 tem sido amplamente estudado em animais e actua como agente anticancerígeno em lojas de produtos naturais. Ao contrário da maioria dos outros agentes anticancerígenos, o IP6 faz recuar o relógio da célula maligna, forçando-a a reverter para um estado não cancerígeno. Além disso, o IP6 controla a divisão celular e reduz a taxa de proliferação celular, tanto *in vivo* como *in vitro*. Além disso, o IP6 interfere na absorção de minerais, o que inibe a síntese de ADN.

O fitato tem propriedades anti-nutrientes, uma vez que interage com iões metálicos divalentes. No entanto, o ácido fítico tem benefícios nutricionais mais positivos, como a redução dos triglicéridos e do colesterol séricos, a proteção contra doenças cardiovasculares, a formação de cálculos renais e a prevenção de certos tipos de cancro. O ácido fítico extraído do farelo de arroz apresentou mais propriedades anticancerígenas em células humanas de cancro do fígado, da mama e dos ovários (Norhaizan, et al., 2011). Os efeitos anti-cancerígenos do ácido fítico derivado do farelo de arroz são mediados pela sua capacidade de induzir a apoptose, inibir a proliferação celular e alterar a progressão do ciclo celular nas células cancerígenas (Henderson, et al.,2012). Foi realizado um estudo através da inibição do crescimento tumoral e da indução da diferenciação celular na presença do derivado de ácido fítico IP6 em algumas linhas celulares cancerígenas, incluindo cólon, mama, próstata, colo do útero, fígado e melanoma (Nawrocka-Musial e Latocha, 2012). Além disso, o fitato apresenta diferentes mecanismos de ação, dependendo do tipo de linhas celulares e da concentração de fitato de forma dependente do tempo. Curiosamente, na presença de ácido fítico (IP6), os factores de sobrevivência das células do glioblastoma T98G são regulados negativamente, o que está envolvido no tumor cerebral humano (Karmakar, et al.,2007). Ao aumentar a concentração de IP6 em linhas celulares de cancro do cólon (Caco-2), o nível do recetor do fator de necrose tumoral (TNFR) aumentou, enquanto o nível de TNF diminuiu, o que indica que

O IP6 tem propriedades anti-inflamatórias e antitumorais (Cholewa, et al., 2008).

1.3: Propriedades antioxidantes

O ácido fítico é capaz de prevenir o cancro através da sua capacidade antioxidante. Em geral, o ácido fítico quelata os iões metálicos divalentes. A vantagem da quelação de iões metálicos divalentes, como o ferro, o zinco e o cálcio, pelo ácido fítico é a de conduzir a iões metálicos cataliticamente inactivos. Por exemplo, se o ácido fítico alterar o potencial redox do ferro, transformando-o na sua forma férrica (Fe^{3+}). Além disso, isto proporciona proteção contra os danos oxidativos, uma vez que o Fe^{2+} protege os oxi-radicais lipídicos, enquanto o Fe^{3+}

é relativamente inerte (Empson, et al.,1991). Um ácido fítico extraído de ingredientes alimentares locais do Quénia tem vários efeitos positivos na saúde humana. O ácido fítico antioxidante está principalmente envolvido na inibição das enzimas relacionadas com a diabetes tipo 2 (Kunyanga, et al.,2011). O derivado do ácido fítico IP6 tem um papel vital no sistema imunitário inato, a combinação de IP6 e inositol teve a maior atividade das células assassinas naturais e a menor incidência de tumores (Baten, Ullah, Tomazic e Shamsuddin,1989). Além disso, o IP6 é um agente de preparação para os neutrófilos, uma vez que aumenta o número de funções dos neutrófilos (Eggleton,1999).

O ser humano contrai diferentes tipos de cancro, como lesões crónicas da pele, malignidade cutânea e supressão do sistema imunitário pela radiação UVB. O agente IP6, que ocorre naturalmente, tem sido considerado um agente anticancerígeno, uma vez que demonstrou ter propriedades antioxidantes contra diferentes tipos de cancro (Williams, et al., 2011). Curiosamente, a combinação de ácido fítico e chá verde reduz a incidência de tumores do cólon induzidos por azoximetano em 344 ratos machos pescadores. Este estudo sugere que a combinação de ácido fítico e chá verde pode ser um bom agente quimiopreventivo (Khatiwada, et al.,2011). Além disso, o ácido fítico não só controla os cancros, como também previne a doença genética alcaptonúria, que causa pigmentos semelhantes à melanina nos seres humanos, faltando assim a atividade da 1, 2-desoxigenase no fígado. Para contrariar os pigmentos semelhantes à melanina e o stress oxidativo, foram testados vários antioxidantes, como o ácido ascórbico, o ácido ferúlico da taurina e o ácido lipóico. Como resultado, o ácido fítico foi mais eficaz no controlo da produção de pigmentos do tipo melanina, bem como na redução das modificações oxidativas pós-traducionais das proteínas. Por conseguinte, o ácido fítico pode ser utilizado como novo antioxidante na indústria terapêutica para controlar a ocronose alcaptonúrica (Braconi, et al.,2010).

1.4: Aspectos negativos do fitato

1.4.2: Efeito na absorção de minerais

O ácido fítico é essencial na alimentação humana e animal como suplemento. Contudo, a disponibilidade de ácido fítico na alimentação humana tem um impacto negativo na absorção de minerais, uma vez que o fitato quelata iões metálicos divalentes como o Ca^{2+}, o Mg^{2+}, o $Fe2^{+}$ e o Zn^{2+}. A estabilidade e a solubilidade do complexo de iões metálicos com ácido fítico baseiam-se no valor do pH; quando o valor do pH é mais elevado, influencia a solubilidade dos complexos. Um efeito de deficiências minerais na saúde humana pode levar a anemia, raquitismo, osteoporose e outras doenças do sistema imunitário. Por exemplo, a presença de fitato em alimentos à base de plantas é um fator importante na redução da absorção de Zn^{+2}, que causa o nanismo no ser humano (Oberleas, 1983).

1.4.3: Efeito sobre a digestibilidade das proteínas

A digestão das proteínas é importante no trato digestivo dos animais. Na presença de fitato, este forma um forte complexo com algumas proteínas e resiste à sua proteólise. A interação do fitato com as proteínas baseia-se no pH (Cheryan, 1980). A um valor de pH inferior ao ponto isoelétrico das proteínas, o grupo ácido fosfórico do ácido fítico liga-se ao grupo catiónico de aminoácidos com carga positiva, como a argnina, a histidina e a lisina, formando complexos de fitato proteico. A interação entre as proteínas do trato digestivo animal e o ácido fítico pode afetar a estrutura das proteínas, o que pode dificultar a atividade enzimática, a solubilidade das proteínas e a digestibilidade proteolítica. No entanto, a importância da interação proteína-fitato com os nutrientes é um enigma. Além disso, a interação entre o fitato e a proteína baseia-se na concentração de fitato. Para descobrir a interação do fitato de sódio com diferentes proteínas, a solubilidade e a estabilidade estrutural foram estudadas por calorimetria diferencial de varrimento. A partir destes resultados, o fitato ligar-se-ia electrostaticamente a uma grande variedade de proteínas carregadas positivamente no estômago (Bye, et al.,2013). Além disso, esta interação eletrostática inibe algumas enzimas digestivas, como a lipase, a amilase, a protease, a pepsina e a tripsina. O fitato também foi considerado um inibidor da α-amilase, o que indica que o fitato tem uma relação negativa com a resposta da glucose no sangue (Jenab e Thompson, 2002). Por conseguinte, considera-se que os alimentos mais ricos em fitato têm um grande significado nutricional na prevenção e no controlo da diabetes mellitus.

1.4.4: Efeito na utilização dos lípidos

De acordo com Cosgrove, as interações do fitato com os lípidos do milho formam um complexo de "lipofitinas" (Cosgrove, 1966). Na presença de fitato de cálcio na matéria-prima alimentar, este interage com os lípidos, formando sabões metálicos no lúmen intestinal das aves de capoeira, o que constitui um importante obstáculo à utilização de energia proveniente de fontes lipídicas (Leeson,1993). É interessante verificar que, em pintos jovens, o sebo bovino reduziu a utilização de fitato-P e aumentou a percentagem de gordura excretada como ácidos gordos de sabão (Matyka, et al.,1990). A suplementação de fitase na alimentação dos frangos de carne evitaria a formação de sabões metálicos no intestino. Além disso, este é mais um mecanismo possível subjacente ao aumento da digestibilidade ileal da gordura (Camden,2001). No entanto, não há provas suficientes da existência de um complexo lipídico de fitato no ser humano.

1.5: Degradação do fitato

Para melhorar o valor nutricional, a desfosforilação do fitato é essencial para evitar a formação de complexos de fitato e minerais. Reduzindo a força de ligação mineral do fitato, melhora-se a biodisponibilidade dos minerais essenciais da dieta (Sandberg, et al.,1999). Foram adoptados vários métodos para degradar o fitato, por exemplo, a adição de fitase exógena aos alimentos reduz a quantidade de fitato nos alimentos. Por conseguinte, a fitase tem um papel essencial na nutrição humana, tanto para a degradação do fitato durante a transformação dos alimentos como no trato gastrointestinal. No entanto, a capacidade de desfosforilar o fitato varia muito entre as diferentes espécies vegetais e microbianas devido à diferença nas suas actividades intrínsecas de degradação do fitato (Egli, et al.,2002).

A fitase endógena não hidrolisa completamente o fitato. Uma vez que o teor de fitato nos alimentos para animais deve ser reduzido, é necessário aumentar o nível de biodisponibilidade dos minerais, nomeadamente do ferro (Hurrell, et al.,2003). Além disso, numerosos estudos demonstraram que a hidrólise enzimática é mais viável para aplicação em sistemas alimentares (Porres, et al., 2001). Para melhorar a absorção de Fe pelos animais, as diferentes posições do fosfato no fitato devem ser degradadas (Sandberg, Brune, Carlsson, Hallberg, Skoglund e Rossander-Hulthen, 1999). Até à data, têm sido utilizadas fitases comerciais para processar os ingredientes alimentares de bovinos, aves de capoeira e peixes. No entanto, a falta de potencialidade da fitase comercial não chegou ao mercado. Ao mesmo tempo, a fitase microbiana tem sido bem sucedida durante o processamento de alimentos, isolados de proteínas vegetais (Fredrikson, et al.,2001) e moagem húmida de milho (Antrim, et al.,1998). Foi efectuado um estudo utilizando a fitase alcalina microbiana de *Bacillus* DS 11that que degradou 40% do fitato do pão de trigo integral. O resultado da degradação do fitato aumentou a disponibilidade mineral do pão (Park, et al.,2011).

O fitato é degradado pelo composto orgânico ácido ascórbico, que neutraliza o efeito inibitório do fitato. Além disso, o aumento da concentração de ácido ascórbico nas refeições que contêm fitato é, por conseguinte, outro meio de melhorar a absorção de Fe. Outros ácidos orgânicos também melhoram a absorção de Fe durante o processo de fermentação.

1.5.2: Degradação enzimática do fitato

O ácido fítico ou mio-inositol 1, 2, 3, 4, 5, 6 hexakisdihidrogenofosfato (IP6) está amplamente distribuído na natureza. Apresenta-se sob a forma de fósforo em muitas plantas, cereais, leguminosas e sementes oleaginosas. O ácido fítico é composto por inositol e seis grupos fosfato. Uma enzima fitase desfosforila o ácido fítico ou fitato em etapas consecutivas que terminam com a formação de menos derivados de inositol e fosfato inorgânico. A fitase não só liberta o fósforo dos alimentos de origem vegetal, como também disponibiliza cálcio, magnésio, proteínas e lípidos.

CAPÍTULO 2

Revisão da literatura

2.0:Introdução

A fitase (mio-inositol hexafosfato fosfohidrolase) remove o fosfato do ácido fítico (mio-inositol hexafosfato) ou do seu sal fitato. Notavelmente, a fitase foi descoberta há cerca de 100 anos; no entanto, a perseverança na investigação sobre a fitase só melhorou a produção de fitase nos últimos anos. Desde então, a fitase tem um papel significativo na alimentação animal como material suplementar, bem como um papel intrínseco na prevenção da contaminação por fosfato no ambiente. Numerosos relatórios destacaram o impacto notável do ácido fítico e da fitase em revisões passadas e actuais. Nesta revisão, centramo-nos no valor medicinal do ácido fítico em diferentes grupos de doenças, na comparação de diferentes tipos de fitases com base no resíduo catalítico com a ajuda da estrutura cristalina da fitase. No que diz respeito ao problema da estabilidade da fitase e da especificidade do substrato nas indústrias enzimáticas, fornecemos algumas informações sobre a melhoria das propriedades da fitase através da abordagem de engenharia de proteínas. Além disso, referimos diferentes parâmetros bioquímicos e biofísicos de diferentes fitases, uma vez que esta informação era limitada em revisões anteriores. Acreditamos que a presente revisão ajudará a indústria e os investigadores que trabalham com esta incrível enzima.

2.1: Classificação das fitases

As fitases são classificadas com base na hidrólise do fitato. A União

Internacional de Química Pura e Aplicada e a União Internacional de Bioquímica (IUPAC- IUB) reconheceram que as fitases se dividem em duas categorias, em que a fitase remove o grupo fosfato é iniciada (Selle, et al.,2007). Estas são a 3-fitase (EC 3.1.3.8 ou mio-inositol hexafosfato 3-fosfohidrolase) e a 6-fitase (EC 3.1.3.26 ou mio-inositol hexafosfato 6 fosfohidrolase) e a 5-fitase (EC 3.1.3.71), uma vez que inicia a hidrólise do grupo fosfato 3rd , 6th e 5th respetivamente.

A fitase extracelular de *Aspergillus niger* prefere a posição 3rd do fósforo no ácido fítico, enquanto as fitases de *Peniophora lycii* e *Escherichia coli* preferem a posição 6th (Selle e Ravindran,2007). Um fungo *Rhizopus oryzae* que produz fitase teve hidrólise específica de IP3; isto foi confirmado pelo método HPLC modificado (Rani e Ghosh, 2011).

As fitases são também classificadas com base no pH ótimo: as fosfatases ácidas de histidina e as fitases alcalinas. As fosfatases ácidas de histidina mostram atividade a pH 5,0, enquanto as fitases alcalinas são mais pronunciadas a pH próximo de 8,0 (Baruah, et al.,2007). Exceto *Bacillus*, a maioria das enzimas microbianas de degradação da fitase e também a fitase vegetal são do tipo ácido. Por conseguinte, tem-se dado mais atenção às fitases ácidas devido à sua aplicabilidade na alimentação humana, uma vez que o intestino humano tem um pH baixo.

2.2: Origem das fitases

As fitases têm sido amplamente difundidas em fontes naturais, tais como plantas, animais, bactérias e fungos. As bactérias e os fungos são as fontes mais importantes de fitase. O primeiro relatório sobre a fitase da levedura foi em 1984

(Nayini e Markakis, 1984). Posteriormente, várias estirpes de levedura foram isoladas pela sua capacidade de hidrolisar fitatos. Foram registadas numerosas fitases em *Aspergillus niger*, *A.ficuum* e *A. fumigates*, que são utilizadas comercialmente em diferentes indústrias. Contudo, estas estirpes de fitase produzem uma quantidade reduzida de fitase que não é suficiente para as utilizações industriais. Para satisfazer as necessidades das indústrias, foram clonados genes de fitase fúngica e expressos em diferentes sistemas de expressão (Wyss, et al.,1999). A fitase de *Saccharomyces cerevisiae* é de particular importância para o fabrico de pão. A fitase celular de *Pichia anomala* e *Candida krusei* WZ-001 foi descrita por (Vohra e Satyanarayana,2001b) e (Quan, et al.,2001), respetivamente. Além disso, estas fitases têm uma aplicação potencial nas indústrias alimentares, uma vez que são termoestáveis e estáveis em termos de ácido.

Quadro 1. Fonte microbiana de fitase

Bacteria	**Localization**	**Reference**
Bacillus sp.	Extracellular	(Dechavez et al. 2011)
Bacillus sp. KHU-10	Extracellular	(Choi et al. 2001)
B. megaterium	Extracellular	(Kumar et al. 2013)
B. laevolacticus	Extracellular	(Gulati et al. 2007a)
Citrobacter braakii YH-15	Cell bound	(Kim et al. 2003)
Debaryomyces Castellii	Extracellular	(Ragon et al. 2008)
Geobacillus thermodenitrificans HRO10	Extracellular	(Ezeji and Bahl 2006)
Klebsiella sp. ASR1	Cell bound	(Sajidan et al. 2004)
Pantoea vagans	Intracellular	(Suleimanova et al. 2013)
Pseudomonas aeruginosa P6	Extracellular	(Sasirekha et al. 2012)
Shigella sp. CD2	Extracellular	(Roy et al. 2012)
Fungi		
A.ficuum	Extracellular	(Zhang et al. 2010)
A.niger	Extracellular	(Casey and Walsh 2003)
Rhizomucor pusillus	Extracellular	(Chadha et al. 2004)
Rhizopus oryzae	Extracellular	(Rani and Ghosh 2011)

Além disso, as bactérias produzem fitase extracelular e ligada às células. No que respeita à expressão a baixo nível, à estabilidade à temperatura e ao pH e à especificidade do substrato, estas fitases ainda não foram totalmente comercializadas. A fitase termoestável de *Bacillus subtilis* US417 foi comparada com outras fitases comerciais. Os resultados revelaram que esta fitase tem uma aplicação potencial nas indústrias de alimentos para animais (Farhat, et al.,2008). *E.coli* (Greiner, et al.,1993), *Klebsiella pneumonia* (Escobin-Mopera, et al.,2012) e *Pseudomonas* sp., (Richardson e

Hadobas,1997b) também foram encontrados para degradar o fitato através da produção de fitase.

2.2: Rastreio de micróbios produtores de fitase

Os micróbios produzem fitase extracelular e intracelular. Diferentes micróbios utilizam o fitato como única fonte de fósforo nos meios de rastreio da fitase, como o fitato de sódio e o fitato de cálcio. A fim de descobrir as bactérias produtoras de fitase, foram utilizadas várias concentrações de fitato nos meios de rastreio da fitase. As estirpes produtoras de fitase apresentam uma auréola clara à volta das colónias nos meios de rastreio da fitase, o que indica a capacidade da estirpe para produzir fitase extracelular. Para *Cryptococcus laurentii* ABO 510 (5 g/L) (Van Staden, et al.,2007), *Rhizopus oryzae* (0,4%) (Rani e Ghosh,2011) e *Thermomyces lanuginosus* TL-7 (Gulati, et al.,2007a), foram utilizados fitatos de sódio e de cálcio nos meios de rastreio da fitase.

Durante o rastreio de um grande número de micróbios produtores de enzimas de diferentes ecossistemas, é obrigatório efetuar ensaios enzimáticos adequados para evitar resultados falsos positivos. Como já foi referido, os micróbios produtores de fitase podem ser identificados por uma auréola clara à volta das colónias. Com base no tamanho da auréola, a quantidade de enzima não está correlacionada com a quantidade de fitase segregada (Nakamura, et al.,2000). Além disso, o ensaio de confirmação da fitase em meios sólidos e líquidos é obrigatório, uma vez que os microrganismos que produzem fitase em meios sólidos de fitato podem não produzir a fitase em caldo líquido ou vice-versa (Mukesh, et al.,2004). Além disso, algumas das bactérias produzem ácido e a redução do pH faz com que os isolados de fitase dêem falsos positivos nos meios de rastreio da fitase. Para evitar os resultados falsos positivos, foi desenvolvido um novo método de contracoloração utilizando cloreto de cobalto e molibdato de amónio/vanadato de amónio para detetar a atividade da fitase (Bae, et al.,1999).

2.3: Produção de fitase

Atualmente, as necessidades de fitase aumentaram nas aplicações biotecnológicas devido ao aumento da poluição por fosfatos no ambiente. Para ultrapassar este problema, é necessário aumentar o nível de produção de fitase. O aumento da produção de fitase baseia-se no efeito dos parâmetros nutricionais e físicos que foram estudados.

2.3.1: Parâmetros físicos

Os parâmetros mais importantes para os micróbios produtores de fitase são o pH, a temperatura, a agitação, o oxigénio dissolvido e a pressão. De um modo geral, as bactérias e os fungos produzem fitase extracelular e associada às células. A temperatura óptima para os microrganismos produzirem fitase situa-se entre 25 e 37° C e o pH ótimo tem um papel intrínseco na produção de fitase. A maior parte dos fungos e bactérias produzem fitase entre 5,0 e 7,0 de pH.

Por exemplo, *Rhizopus oryzae* (Rani e Ghosh,2011), *Sporotrichum thermophile* (Singh e Satyanarayana,2009), *Aspergillus niger* NCIM 563 (Bhavsar, et al.,2011),

Bacillus MD2 (Tran, et al.,2010) e *Janthinobacterium* sp. TN115 (Zhang, et al.,2011) produzem fitase à temperatura e pH óptimos.

2.3.1.1: Fonte de carbono

A expressão da fitase baseia-se na fonte de carbono, que é utilizada para o crescimento bacteriano em meios de produção de fitase. A fonte de carbono glucose tem um papel essencial na repressão de catabolitos e tem sido amplamente utilizada para melhorar a produção de fitase. A combinação de glucose e sacarose para a produção de fitase por *Aspergillus niger* produziu uma maior quantidade de fitase em condições de fome de fosfato em meio de amido (Vats e Banerjee, 2005). O efeito de diferentes fontes de carbono na produção de fitase *de Cryptococcus laurentii* ABO510 foi estimado em meio de seleção de fitase modificado (PSM) sem fitato na presença de diferentes fontes de carbono. Do mesmo modo, o PSM (sem fitato) com 1% (w/v) de glucose apresentou uma atividade máxima de fitase com 4,55 UI g^{-1} (Van Staden, den Haan, van Zyl, Botha e Viljoen-Bloom, 2007). Um estudo anterior revela que a sacarose foi considerada a fonte de carbono adequada para a produção de fitase, uma vez que lhe foi atribuída uma atividade de 14,2 U/ml por *Aspergillus niger* CFR 335 (Gunashree e Venkateswaran, 2008). Na presença de farelo de arroz e glucose em meios de produção de fitase, uma estirpe mutante *Aspergillus niger* NCIM 563 produziu 100 UI/ml de fitase, enquanto a estirpe de tipo selvagem produziu 68 UI/ml de atividade de fitase (Shah, et al.,2009). A atividade da fitase recombinante de *Bacillus* sp. MD2 foi aumentada (327U/ml) mantendo o nível de glucose a 2-3g/l no meio de produção de fitase (Tran, Mamo, Mattiasson e Hatti-Kaul, 2010).

2.3.1.2: Fonte de azoto

O azoto é uma fonte essencial para os micróbios produtores de fitase. São utilizados vários compostos de azoto nos meios de produção de fitase, como o extrato de levedura, a peptona, o sulfato de amónio, o nitrato de amónio, o nitrato de potássio e a ureia. A atividade de uma fitase fúngica de *Aspergillus niger* CFR 335 foi melhorada na presença de peptona no meio de produção (Gunashree e Venkateswaran, 2008). Para *Rhizopus oryzae* (Rani e Ghosh,2011), *Aspergillus fumigates* WY-2 (Wang, et al.,2007) e *Klebsiella pneumonia* 9-3 (Escobin-Mopera, Ohtani, Sekiguchi, Sone, Abe, Tanaka, Meevootisom e Asano,2012) NH4NO3 (0,01%), NH2SO4 (0,05%), NH4Cl (20g) foram utilizados como fonte de azoto, respetivamente. Ao aumentar a concentração de ureia no meio de produção de fitase, a atividade da fitase diminuiu gradualmente em *Saccharomyces cerevisiae* (Ries e Alves Macedo,2011).

2.3.1.3: Efeito da concentração de fósforo

O fósforo é a fonte essencial para a produção de fitase. Em geral, as fontes de fósforo KH2PO4 e K2HPO4 são utilizadas nos meios de produção de fitase. Até à data, a produção de fitase por *E. coli* e *Raoultella terrigena* foi bem estudada. Em *Saccharomyces cerevisiae*, o fitato de sódio foi utilizado como indutor em meios de produção de fitase e este meio de produção foi optimizado por RSM e desenho composto central (Ries e Alves Macedo,2011). Em *E.coli*, a produção de fitase é activada pelo sistema específico de nutrientes PhoB/ PhoR regulon, quando as bactérias foram privadas de fosfato orgânico (Hengge-Aronis,1996). Para determinar a secreção de fitase de *Cryptococcus laurentii* ABO510, foi adicionado fitato de cálcio ao meio de rastreio de fitase (PSM). As colónias positivas foram identificadas como uma auréola clara à volta das colónias bacterianas no meio PSM (Van Staden, den Haan, van Zyl, Botha e Viljoen-Bloom, 2007). Para a *Klebsiella pneumoniae* 9-3B, o fitato foi utilizado como única fonte de carbono e fosfato em meios de produção de fitase (Escobin-Mopera, Ohtani, Sekiguchi, Sone, Abe, Tanaka, Meevootisom e Asano,2012).

2.4: Expressão do gene da fitase

2.4.1: Fitase de tipo selvagem

Durante os últimos 20 anos, os investigadores dedicaram uma atenção considerável às fitases por parte de cientistas, empresários, na área da nutrição, proteção ambiental e biotecnologia (Konietzny e Greiner,2002), (Vohra e Satyanarayana,2003). Além disso, as fitases têm sido amplamente distribuídas em plantas, microrganismos e em alguns tecidos animais. Investigações recentes mostraram que as fitases microbianas têm mais aplicação no domínio da biotecnologia. Embora tenham sido caracterizadas várias fitases vegetais e animais, devido a algumas propriedades, como a especificidade do substrato, a resistência à proteólise e a eficiência catalítica, as fitases microbianas são alternativas a outras fitases.

O Bacillus MD2 phytase foi isolado de uma amostra excretada em Hanói, tendo demonstrado uma atividade positiva em ágar peptona de carne (Tran, Mamo, Mattiasson e Hatti-Kaul, 2010). Uma estirpe produtora de fitase termoestável foi isolada de solos tunisinos e verificou-se que se tratava de um *Bacillus subtilis* US 417. Este organismo isolado segregou a fitase durante a fase de crescimento exponencial tardio. Foi atingida uma atividade máxima de 0,64 U/ml após um período de crescimento de 20 horas (Farhat, Chouayekh, Ben Farhat, Bouchaala e Bejar, 2008). Um organismo intracelular produtor de fitase *Klebsiella pneumoniae* 9-3B foi isolado de um campo de espinafres e a sua fitase foi purificada e caracterizada (Escobin-Mopera, Ohtani, Sekiguchi, Sone, Abe, Tanaka, Meevootisom e Asano,2012). A bactéria simbiótica de insectos *Janthinobacterium*- TN 115 foi isolada do conteúdo intestinal de larvas *de Batocera horsfieldi* que tinha uma estreita semelhança com a fitase β-propeller (Zhang, Yang, Huang, Yuan, Shi, Meng e Yao,2011). Uma fitase citosólica de *Lactobacillus sanfranciscensis* CB 1 demonstrou maior atividade, ao comparar o sobrenadante livre de células, o que indica que a bactéria produz fitase de base citosólica (De Angelis, et al.,2003). *A Erwinia carotovora* produz fitase extracelular, que é ativa a baixa temperatura e é também atractiva para o processamento de alimentos, evitando danos nos ingredientes alimentares a baixas temperaturas (Huang, et al.,2009).

Uma fitase fúngica de *Aspergillus niger* van Teighem foi isolada de troncos de madeira podre e a sua enzima purificada apresentou uma atividade mais específica de 22 592 U/mg (Vats e Banerjee, 2005). A fitase termoestável do fungo *Neosartorya spinosa* foi isolada perto de uma fonte termal na Tailândia. A sequência de aminoácidos desta fitase contém uma sequência de consenso (RHGXRXP) que é conservada em fitases e também entre fosfatases ácidas

(Pandee, et al.,2011). A fitase associada à parede celular de *Cryptococcus laurentii* ABO510 foi isolada da região do Cabo Ocidental e apresentou uma maior especificidade de substrato em relação ao ácido fítico (Van Staden, den Haan, van Zyl, Botha e Viljoen-Bloom, 2007). Uma estirpe de levedura extracelular produtora de fitase, *Kodamaea ohmeri BG3*, foi isolada do intestino de peixes marinhos e demonstrou atividade na presença de EDTA e 1,10 fenantrolina (Li, et al.,2009). O bolor termofílico *Sporotrichum thermophile*, produtor de histidina fosfatase ácida, foi isolado do solo. Este aminoácido da fitase isolada e purificada não mostrou qualquer homologia com outras fitases conhecidas.

2.5: Métodos de ensaio da fitase

O ensaio da fitase baseia-se no princípio de que o fosfato inorgânico é libertado do substrato fitato em condições de ensaio definidas e foi validado quanto à sua adequação para medir a atividade enzimática de vários produtos de fitase. Foram seguidos vários métodos para estimar a atividade da fitase.

O método de Fiske-Subbarow baseia-se na medição do complexo fosfomolibdato formado pela interação de fosfato e molibdato de amónio na presença de ácido sulfúrico. Este método foi desenvolvido para estimar a quantidade de fosfato em amostras biológicas, como a urina e o sangue (Fiske e Subbarow,1925a). No entanto, o inconveniente deste método reside no facto de, na presença de ácido fítico, o complexo se formar não só devido ao fosfato, mas também devido ao fitato. Suma et al (esta tese) descreveram que o fitato também pode influenciar o complexo fosfomolibdato que leva a valores elevados mesmo em concentrações muito baixas (0,8µM) de fosfato. Além disso, muitos factores influenciam a formação do complexo durante o ensaio, tais como bases orgânicas, Triton X-100 e SDS, dando resultados falsos positivos devido à formação de uma precipitação turva com fosfomolibdato. Depois de analisar os diferentes métodos de estimativa de fosfato, Suma et al. sugeriram que o método de Fiske-Subbarow não é totalmente fiável para a estimativa da fitase, em especial quando se analisa a atividade da fitase no extrato bruto ou no filtrado da cultura.

Cooper e Gowing desenvolveram um método de estimativa de fosfato a partir da fitase. Neste método, o fosfato libertado envolve a formação de um complexo de fosfomolibdato e a sua subsequente redução para produzir um azul heteropolítico (Cooper e Gowing, 1983). Irving e Cosgrove demonstraram que o fitato podia interferir com estas reacções e que esta interferência dependia tanto da quantidade de fitato como de fosfato presentes. Além disso, este método é menos fiável para a estimativa de uma menor quantidade de fósforo libertado, quando está presente uma pequena quantidade de enzima (Irving e Cosgrove,1970).

Para estimar a atividade da fitase a partir das matérias-primas para alimentação animal, foi desenvolvido um método enzimático colorimétrico fiável e fácil para determinar a atividade da fitase, a fim de permitir a comparação de preparações enzimáticas com base na mesma definição de unidade e no mesmo método. O estudo interlaboratorial sobre o ensaio da fitase mostra que os valores de (RSDr) variaram entre 6,2 e 8,6% e os valores do desvio-padrão relativo da reprodutibilidade (RSDR) variaram entre 14,1 e 27,6% (Engelen, et al.,2001).

Foi utilizado um novo método para detetar a atividade da fitase do solo, o substrato cromofórico artificial análogo ao ácido fítico. Esta sonda química permitiu a medição direta da desfosforilação catalisada pela fitase por cromatografia líquida de alta eficiência com deteção de UV. Além disso, não existem métodos fiáveis disponíveis para medir a atividade da fitase nos solos. O ensaio do *p-nitrofenil* fosfato para medir a atividade da fosfomonoesterase no solo não é específico da atividade da fitase (Berry, et al.,2007).

Foi desenvolvido um novo método para estimar a atividade da fitase, uma vez que o ensaio de ponto final tradicional é moroso e bem conhecido pelo seu incómodo, para além de exigir cuidados adicionais no manuseamento dos reagentes tóxicos utilizados. De acordo com Tran et al, foi estabelecida a utilização do complexo IP6-lisozima como substrato para determinar a atividade cinética da fitase através da monitorização da redução da turbidez. O resultado da hidrólise da fitase IP6 liberta Pi, o que diminui a turvação na solução enzimática (Tran, et al.,2011b).

2.6: Expressão recombinante

As bactérias e os fungos produzem fitase extracelular, mas as aplicações comerciais não foram viáveis durante muitos anos, devido ao baixo rendimento da enzima do microrganismo de tipo selvagem e ao elevado custo previsto do sistema convencional de fermentação da fitase. A fim de aumentar a quantidade de produção de fitase para alimentação animal, os genes da fitase são expressos em diferentes sistemas de expressão.

O gene da fitase termoestável *de Bacillus* sp. MD2 foi expresso *em E.coli* sob o controlo da indução de IPTG. A fitase expressa apresentou 10U/ml por indução de IPTG (Tran, Mamo, Mattiasson e Hatti-Kaul, 2010). Com o objetivo de melhorar a produção rentável de fitase, o gene da fitase *de Bacillus subtilis*

US417 foi expresso e caracterizado (Farhat, Chouayekh, Ben Farhat, Bouchaala e Bejar, 2008). O gene phyC, que codifica uma fitase extracelular de *Bacillus amyloliquefaciens*, foi clonado e expresso em *E.coli* BL 21. Esta fitase recombinante sobre-expressa foi purificada e imobilizada no chip CM5 para diferentes aplicações (Neubauer, et al.,2012).

Um gene de fitase do bacilo gram-negativo *Citrobacter freundii* foi clonado e expresso em *Pichia pastoris*. A fitase purificada tinha dois pH óptimos distintos a 2,5 e 4,5 e uma temperatura óptima a 50° C (Zhao, et al., 2010). A fitase recombinante da bactéria simbiótica *Janthinobacterium* sp. foi clonada e expressa em *E.coli*. A fitase purificada exibiu uma atividade máxima a pH 8,5 e 45° C na presença de CaCl2 (Zhang, Yang, Huang, Yuan, Shi, Meng e Yao, 2011). O gene *app* A da fitase de *Yersinia kristeensenii* foi clonado e expresso heterologamente em *P. pastoris*. O *app* A que codifica a fitase era 87% idêntico à fitase de *Yersinia intermedia*, mas tinha < 52% de semelhança com outras fosfatases ácidas de histidina (Fu, et al.,2008). Para melhorar a produção de fitase, a *app* A de *Citrobacter amalanoticus* CGMCC 1696 foi clonada e expressa em *P.pastoris*. O resultado da proteína *app* A recombinante *de C. amalanoticus* foi acumulado a aproximadamente 4,2 mg/ml, o que é superior aos relatórios anteriores (Luo, et al.,2007). O gene da fitase foi clonado de *Erwinia carotovora* ACCC 10276 e expresso em *E.coli*. O estudo bioquímico revelou que a fitase *de Erwinia carotovora* apresentava uma elevada atividade catalítica a baixa temperatura (Huang, Luo, Wang, Fu, Shao, Yang, Meng e Yao, 2009)

Uma fitase ácida estável ao calor de *Aspergillus fumigatus* WY-2 foi clonada e expressa em *P. pastoris*. Esta fitase purificada tinha mais afinidade com o fitato de sódio do que com outros conjugados de fosfato (Wang, Gao, Su, Wu e An, 2007). O gene que codifica a fitase de *Neosartorya spinosa* BCC 41923 foi expresso em *P. pastoris* e a sua sequência foi identificada. Este gene da fitase compreendia 1455 nucleótidos e codificava um polipéptido de 439 aminoácidos com uma massa molecular deduzida da fitase desglicosilada de 52 kDa. Além disso, a fitase purificada demonstrou uma maior especificidade em relação ao ácido fítico (Pandee, Summpunn, Wiyakrutta, Isarangkul e Meevootisom, 2011). Um cDNA do gene da fitase, que codifica 441 aminoácidos de *Eupenicillium parvum* (BCC17694), foi clonado em pPICZα A e expresso com a forma glicosilada em *P.pastoris*. A glicosilação teve um papel intrínseco na atividade enzimática, uma vez que a enzima mostrou a sua atividade a 50° C e pH 5,5 (Fugthong, et al.,2010).

2.7: Engenharia de proteínas de fitases eficazes

As fitases foram sobre-expressas em diferentes sistemas de expressão heteróloga para melhorar a produção de fitase. Com base na aplicação, as indústrias necessitam de novas fitases, tais como a eficiência catalítica, o perfil de pH, a termoestabilidade, a resistência à proteólise e a estabilidade ácida. Devido ao início da tecnologia do ADN recombinante, a abordagem da engenharia de proteínas tem sido associada à procura de novas fitases para melhorar novas enzimas para aplicação no terreno. Os métodos de engenharia de proteínas são classificados em mutagénese aleatória e conceção racional de proteínas. O primeiro é obtido através de diferentes métodos, como a mutagénese aleatória e a conceção racional de proteínas.

PCR e baralhamento do ADN. No entanto, o inconveniente da mutação aleatória é que pode abolir a atividade enzimática, uma vez que altera o gene de forma aleatória. Por conseguinte, a maioria dos investigadores não segue o método de mutagénese aleatória. O último método, a conceção racional de proteínas, baseia-se em informações estruturais e é efectuado através de PCR de sobreposição de extensão. A vantagem da conceção racional de proteínas é que as variantes são geradas com o aminoácido desejado com base em informações estruturais e de sequência e espera-se que tenham efeitos garantidos na funcionalidade da proteína s.'

Para melhorar a estabilidade térmica da fitase *appA2 de E.coli*, a substituição do resíduo 144 Asp por Asn, resultante deste mutante, aumentou o valor Tm de 4 para 5° C em comparação com o tipo selvagem. Em vez de 144 Asp para Asn na fitase *appA2*, pode estabilizar as interações através da formação de ligações de hidrogénio ou de interações electrostáticas (Kim, et al., 2008). A conceção racional de proteínas foi utilizada com êxito para aumentar a termoestabilidade da *A.niger* PhyA com base na estrutura tridimensional, os mutantes 141 Ser para Pro e 131 Phe para Leu melhoraram a termoestabilidade e a atividade em pH (Zhang e Lei, 2008). Em geral, as pontes de dissulfureto melhoram a estabilidade das proteínas. Em contrapartida, a remoção da ponte de dissulfureto na fitase *de Aspergillus niger* NRRL apresentou uma atividade quatro vezes superior após o aquecimento. A remoção da ponte dissulfureto permite uma nova configuração molecular da enzima e também uma nova interação entre a cadeia lateral dos aminoácidos recentemente introduzidos e o grupo lateral dos aminoácidos (Mullaney, et al., 2010). A fim de melhorar a especificidade do substrato da fitase fúngica de *Aspergillus niger* 113, foi introduzido um resíduo carregado positivamente (Q53R) perto do sítio catalítico. Com o impacto deste mutante, a atividade específica da fitase foi melhorada contra o fitato de sódio (Tian, et al.,2011).

2.8: Purificação da fitase

A purificação da fitase é geralmente efectuada com o objetivo de estudar as suas propriedades. Foram utilizados numerosos métodos de purificação para purificar as fitases extracelulares e recombinantes, tais como a precipitação de sulfato de amónio/acetona, a ultrafiltração, a permuta iónica, a filtração em gel e a cromatografia de afinidade com metal imobilizado para proteínas recombinantes. Ocasionalmente, as fitases são purificadas por uma única etapa; por conseguinte, é utilizada uma combinação de diferentes métodos de purificação para purificar as proteínas. No caso da fitase desconhecida, a cromatografia de permuta catiónica ou aniónica é essencial, uma vez que o ponto isoelétrico é desconhecido.

A fitase *de Bacillus laevolacticus* foi purificada por cromatografia de troca iónica, a fitase purificada era estável a 70 °C e o pH ótimo situava-se entre 7,0 e 8,0 na presença ou ausência de 5% de CaCl2. Além disso, a fitase tinha mais especificidade em relação ao fitato Ca^{+} e Na^{+} (Gulati, Chadha e Saini, 2007a).

Uma fitase extracelular de *Bacillus* sp. DS11 foi purificada até à homogeneidade por precipitação com acetona e fenil-sepharose (Kim, et al.,1998a). A fitase de *Bacillus* sp. MD2 foi expressa em *E.coli* e a proteína foi depois purificada por cromatografia de afinidade com metal imobilizado (IMAC) seguida de filtração em gel. Além disso, a proteína purificada foi submetida a um estudo de estabilidade térmica, que revelou que a enzima era estável a 100° C (Tran, Mamo, Mattiasson e Hatti-Kaul, 2010).

A fitase de *Klebsiella pneumoniae* 9-3 B foi purificada por permuta iónica e filtração em gel, tendo a proteína purificada uma ampla especificidade de substrato. Além disso, a atividade da fitase purificada foi ligeiramente estimulada por Ca^+ e EDTA (Escobin-Mopera, Ohtani, Sekiguchi, Sone, Abe, Tanaka, Meevootisom e Asano,2012). A fitase *de Citrobacter freundii* foi expressa em *P. pastoris*. Esta fitase foi purificada por IMAC e cromatografia de permeação em gel. A fitase purificada apresentou 80% de atividade, após incubação em vários intervalos de pH de tampões (1,5-8,0) (Zhao, Xiong, Fu, Gao, Tian e Peng,2010). O gene *app* A que codifica a fitase de *Yersinia kristeensenii* foi purificado por cromatografia de permuta catiónica. As fracções positivas da cromatografia de permuta catiónica foram carregadas em gel de filtração e purificadas como proteína pura (Fu, Huang, Luo, Wang, Yang, Meng, Bai, Wu e Yao, 2008).

Uma fitase extracelular foi purificada a partir de *Aspergillus ficuum* NTG-23 utilizando cromatografia de permuta aniónica e catiónica seguida de filtração em gel. A enzima foi purificada 71,5 vezes a partir do extrato bruto com um rendimento de 23,8%. Além disso, a fitase purificada apresenta uma atividade específica de 11,4 U/mg (Zhang, et al., 2010). A fitase de tipo selvagem e mutada *de Aspergillus niger* Phy A foi purificada por IMAC e cromatografia de permuta catiónica. Além disso, a fitase purificada foi submetida a calorimetria diferencial de varrimento e foram determinados parâmetros cinéticos (Zhang, et al.,2007). Uma fitase do fungo *Rhizopus oryzae* foi purificada por cromatografia de permuta iónica e de permeação em gel, tendo esta fitase uma elevada eficiência catalítica ($2{,}38\times10^{6}$ M^{-1} s^{-1}) (Rani e Ghosh,2011). Uma fitase extracelular de *Rhizopus oligoporus* foi purificada por troca iónica e cromatografia de filtração em gel, a fitase purificada exibiu atividade máxima a 65° C e pH 5,0. Além disso, esta fitase manteve a sua atividade máxima após incubação a um pH de 2,0 durante 6 horas; isto indica que a fitase *de Rhizopus oligoporus* é uma fitase estável em ácido. (Casey e Walsh, 2004). A fitase recombinante de *Neosartorya spinosa* foi purificada e a proteína purificada reteve 60% da atividade após aquecimento a 90° C durante 20 minutos. Além disso, esta fitase apresentou uma atividade específica de 30,95 U/mg a 37° C (Pandee, Summpunn, Wiyakrutta, Isarangkul e Meevootisom,2011). Uma fitase termofílica de *Sporotrichum thermophile* foi purificada até à homogeneidade por precipitação em acetona seguida de cromatografia de troca iónica e filtração em gel. A fitase termofílica purificada é um homopentâmero com uma massa molecular de 456 kDa e um *pI* de 4,9 (Singh e Satyanarayana,2009).

2.9: Caracterização bioquímica e biofísica da fitase

As propriedades das enzimas são essenciais para as suas aplicações em diferentes sectores. As propriedades da fitase variam consoante a fonte e o hospedeiro de expressão. As fitases com temperaturas óptimas elevadas são desejáveis na indústria dos alimentos para animais, uma vez que a peletização dos alimentos ocorre a 80-85 °C. Por conseguinte, as indústrias de produção de alimentos para animais necessitam de fitases termoestáveis sem perder a atividade enzimática.

Temperatura

A fitase de *Bacillus laevolacticus* teve 80 % de atividade a 70 ° C e pH 8,0 até três horas na presença/ausência de 5mM CaCl2 (Gulati, Chadha e Saini, 2007a). A fitase *de Bacillus* sp. KHU-10 reteve 50 % da atividade residual quando exposta a 80° C durante 10 minutos na presença de CaCl2. Isto indica que a estabilidade térmica da fitase depende do CaCl2 (Choi, et al.,2001). Do mesmo modo, a fitase termoestável de *Bacillus subtilis* US417 foi estável a 75° C na presença de 5mM CaCl2, enquanto a atividade enzimática se reduziu drasticamente acima de 60 °C na ausência de CaCl2 (Farhat, Chouayekh, Ben Farhat, Bouchaala e Bejar, 2008).

Entre os fungos termofílicos, *o Sporotrichum thermophile* produz fitase que é estável a 60 e 80 °C durante 16 horas e 1,5 horas, respetivamente (Singh e Satyanarayana, 2008). A temperatura óptima da fitase de *Aspergillus fumigatus* WY-2 foi de 55 °C. Após incubação a 90 °C durante 15 min, exibiu 43,7% da atividade inicial (Wang, Gao, Su, Wu e An, 2007). Uma fitase extracelular de *Thermomyces lanuginosus* apresentou 70% de atividade numa vasta gama de pH e temperatura (2-10 e 30-90 °C, respetivamente) (Gulati, et al.,2007b).

A fitase recombinante de *Neosartorya spinosa* BCC 41923 reteve 60% da atividade inicial após exposição a 80 °C durante 20 minutos (Pandee, Summpunn, Wiyakrutta, Isarangkul e Meevootisom, 2011). A fitase de *Aspergillus fumigatus* reteve 90% da atividade após ter sido aquecida a 100 °C durante 20 minutos (Rodriguez, et al.,2000a). A comparação entre a fitase *de Aspergillus niger* Phy A e a *de Aspergillus fumigatus* revelou uma menor resistência ao calor, mas estas duas fitases tinham 66% de homologia de sequência e a estrutura cristalina global é semelhante. As comparações das estruturas cristalinas sugerem que a substituição de resíduos-chave, que formam a ligação de hidrogénio e a interação iónica, melhora a estabilidade térmica da fitase. O resultado foi que a fitase tinha uma temperatura de fusão 7 °C mais elevada do que a PhyA de tipo selvagem (Zhang, Mullaney e Lei, 2007).

pH

As bactérias e os fungos produzem fitase extracelular e ligada às células. No entanto, esta fitase não tem propriedades multifuncionais, nomeadamente a fitase deve ser estável a temperaturas elevadas e a pH baixo. Devido à falta desta propriedade nas fitases, estas não conseguem chegar ao mercado. A estabilidade do pH da fitase é essencial, uma vez que a gama de pH dos sucos gástricos no estômago animal é geralmente de 2,0-3,0 e estes valores baixos de pH podem inativar a fitase e impedir a libertação de fósforo inorgânico do fitato. Para atingir o potencial biocatalítico máximo da fitase nos alimentos para animais, é necessário ter em conta a atividade e a estabilidade do pH da fitase.

Uma fitase extracelular de *Bacillus subtilis* US 417 apresentou uma baixa estabilidade ao pH. Do mesmo modo, uma fitase comercial Phyzyme apresenta uma atividade óptima a pH 5,5 (Farhat, Chouayekh, Ben Farhat, Bouchaala e Bejar, 2008). A atividade da fitase de *Bacillus* KHU-10 foi medida a partir de pH 3,0-10. A fitase apresentou uma atividade máxima numa vasta gama de pH 6,5-8,5 (Choi, Suh e Kim, 2001). A fitase de uma bactéria gram-negativa *Citrobacter freundii* reteve 80 % da atividade depois de ser incubada em vários tampões (pH 1,5-8,0) a 37° C durante 1h (Zhao, Xiong, Fu, Gao, Tian e Peng, 2010). A fitase recombinante da bactéria simbiótica de insectos *Janthinobacterium* sp. TN115 tinha um pH ótimo de 6-7,5. Além disso, a fitase purificada mostrou-se altamente ativa numa vasta gama de pH (pH 6,0-9,0). Uma fitase beta-propulsora foi concebida com base na sequência de aminoácidos da fitase *de Bacillus*, mostrando atividade numa vasta gama de pH de 2,5 a 9 (Viader-Salvado, et al., 2010).

Tabela 2. Propriedades moleculares da enzima fitase

Bacteria	*Specific activity*	*Molecular weight (kDa)*	*Temperature optimum(°C)*	*pH optimum*	K_m *(μM)*	*Reference*
Bacillus sp.	*16 U mg^{-1}*	*40*	*55*	*7.0*	*392*	*(Rao et al. 2008)*
Bacillus sp.	-	-	*67-73*	*6-7*	-	*(Tran et al. 2010)*
Bacillus subtilis	-	*41*	*55*	*7.5*	-	*(Farhat et al. 2008)*
B.subtilis	*35 U mg^{-1}*	*44*	*55*	*7.0*	-	*(Tye et al. 2002)*
Bacillus sp. KHU-10	*36 U mg^{-1}*	*44*	*40*	*6.5-8.5*	*50*	*(Choi et al. 2001)*
Bacillus licheniformes	-	*47*	*65*	*7.0*	-	*(Tye et al. 2002)*
Bacillus laevolacticus	*12.69 U mg^{-1}*	*41-46*	*70*	*7.0-8.0*	*526*	*(Gulati et al. 2007a)*
Citrobacter braakii	*1122 U mg^{-1}*	*49*	-	-	-	*(Kim et al. 2006b)*
Escherichia coli	-	*44*	*60*	*4.5*	-	*(Golovan et al. 2000)*
Debaryomyces Castellii	*157.4U/mg*	*74*	*60*	*4.0*		*(Ragon et al. 2008)*
Dickeya paradisiacal	*769 U mg^{-1}*	-	*55*	*4.5, 5.5*	*399*	*(Gu et al. 2009)*

Erwinia carotovora var. carotovota	-	*45.3*	*40*	*5.5*	-	*(Huang et al. 2009a)*
Klebsiella sp. ASR1	*99* $U\ mg^{-1}$	-	*45*	*5.0*	*280*	*(Sajidan et al. 2004)*
Lactobacillus plantarum	*0.463* $U\ mg^{-1}$	*52*	*65*	*5.5*	-	*(Zamudio et al. 2001)*
Obesumbacterium proteus	*310* $U\ mg^{-1}$	*45*	*40-45*	*4.9*	*340*	*(Zinin et al. 2004)*
Pantoea agglomerans	-	*42*	*60*	*4.5*	*340*	*(Greiner 2004)*
Pseudomonas syringae MOK1	*2.514* $U\ mg^{-1}$	-	-	-	-	*(Cho et al. 2005)*
Pedobacter nyackensis	*24.4* $U\ mg^{-1}$	*38*	*45*	*7.0*	*1280*	*(Huang et al. 2009b)*
Yersinia intermedia	*3960* $U\ mg^{-1}$	*45*	*55*	*4.5*	-	*(Huang et al. 2006)*
Yersinia kristeensenii	*2656* $U\ mg^{-1}$	*48*	*55*	*4.5*	-	*(Fu et al. 2008)*
Fungi						
Agrocybe pediades	*400* $U\ mg^{-1}$	*59*	*50*	*5.0-6.0*	-	*(Lassen et al. 2001)*
Aspergillus	-	*70*	-	-	-	*(Peng et al. 2006)*
Aspergillus fumigates	*43* $U\ mg^{-1}$	-	*60*	*6.0*	-	*(Rodriguez et al. 2000a)*
A. fumigatus	*51* $U\ mg^{-1}$	*88*	*55*	*5.5*	*114*	*(Wang et al. 2007a)*
A.ficuum	-	*67.5-81.6*	*58*	*5.0*	*124*	*(Ullah et al. 2003)*
A.ficuum	-	*76*	*50*	*2.0, 5.5*	*730*	*(Zhang et al. 2005)*
A.ficuum	-	*65.5*	*67*	*1.3*	*295*	*(Zhang et al. 2010)*
A.niger van Teighem	*22,592* $U\ mg^{-1}$	*66*	*52-55*	*2.5*	*606*	*(Vats and Banerjee 2005)*
Ceriporia sp.	*700±80* $U\ mg^{-1}$	*59*	*55-60*	*5.5-6.0*	-	*(Lassen et al. 2001)*

Cladosporium sp. FP-1	*909.5 U mg^{-1}*	*32.6*	*40*	*3.5*	*15.2*	*(Quan et al. 2004)*
Peniophora lycii	*1080±110 U mg^{-1}*	*72*	*50-55*	*4.0-5.0*	-	*(Lassen et al. 2001)*
Peniophora lycii	*10,540 U ml^{-1}*	*70-110*	*50*	*4.5*	-	*(Xiong et al. 2006)*
Penicillium oxalicum PJ3	*306.6 U mg^{-1}*	*62.5*	*55*	*4.5*	*370*	*(Quan et al. 2004)*
Penicillium simplicissimum	*3.8 U ml^{-1}*	*65*	*55*	*4.0*	-	*(Tseng et al. 2000)*
Rhizomucor pusillus	-	-	*70*	*5.4*	-	*(Quan et al. 2004)*
Trametes pubescens	*1210±30 U mg^{-1}*	*62*	*50*	*5.0-5.5*	-	*(Lassen et al. 2001)*

Uma nova fitase de *Aspergillus ficuum* NTG-23, que possuía atividade a um pH ótimo de 1,3 (Zhang, Dong, Wang, Zhang, Wang e Tong, 2010). Verificou-se que a fitase *de Rhizopus oryzae* retinha 100 % a valores de pH baixos de 1,0 e 2,0 e apresentava mais de 75 % da atividade inicial numa vasta gama de pH 2,5-9,5 (Rani e Ghosh, 2011). A fitase purificada de *Yersinia kristeensenii* apresentou atividade enzimática entre pH 2,0 e 6,5, com uma atividade específica de 2656 U mg- 1 a pH 4,5 e 37° C (Fu, Huang, Luo, Wang, Yang, Meng, Bai, Wu e Yao,2008). A fitase de *Neosartorya spinosa* apresenta um pH ótimo para a sua atividade a 5,5 e foi demonstrada uma atividade residual de 80% após armazenamento em pH 3 a 7 durante 1h (Pandee, Summpunn, Wiyakrutta, Isarangkul e Meevootisom, 2011).

Iões metálicos

As fitases necessitam de iões metálicos para a sua atividade enzimática. Verificou-se que as actividades de fitase de *Bacillus subtilis* US 417 (Farhat, Chouayekh, Ben Farhat, Bouchaala e Bejar,2008), *Bacillus* KHU (Choi, Suh e Kim,2001) e *Bacillus subtilis* (Kerovuo, et al.,2000a) dependem do Ca^{2+} . A fitase *de B. subtilis* contendo iões metálicos foi inibida por EDTA, resultando na inativação completa da enzima e a alteração conformacional da proteína foi confirmada por dicroísmo circular (Kerovuo, Lappalainen e Reinikainen,2000a, Kerovuo, et al.,2000b, Kerovuo e Tynkkynen,2000). Na presença de Sr^{2+} , a fitase *de Bacillus* sp MD2 apresentou 96-99 % da atividade original, enquanto a recuperação da atividade de Ba^{2+} , Mn^{2+} e Mg^{2+} foi elevada a 37° C e ainda mais elevada a 70 °C (Tran, et al.,2011a). Uma alíquota de 1 mM de EDTA e Ca^{2+} inibiu a atividade de fitase de *Bacillus* subtilis US 417 (Farhat, Chouayekh, Ben Farhat, Bouchaala e Bejar, 2008). KHU 10 foi inibida por iões EDTA, Ba^{2+} , Cd^{2+} , Co^{2+} , Cr^{2+} , Cu^{2+} , Hg^{2+} e Mn^{2+} (Choi, Suh e Kim,2001). A atividade da fitase de uma bactéria gram-negativa *Citrobacter freundii* foi melhorada por Ca^{2+} , K^{2+} e Mg^{2+} enquanto a atividade enzimática foi parcialmente inibida por Pb^{2+} , Zn^{2+} , Fe^{2+} , Cu^{2+} e Al^{2+} (Zhao, Xiong, Fu, Gao, Tian e Peng,2010).

A fitase WY-2 *de Aspergillus fumigatus* apresentou uma forte inibição na presença de Zn^{2+} , Cu^{2+} , Fe^{3+} e Al^{2+} (Wang, Gao, Su, Wu e An,2007). Além disso, a atividade da fitase *de Rhizopus oryrzae* foi completamente inibida na presença de Fe^{3+} , Ni^{2+} e Cu^{2+} (Rani e Ghosh,2011). Em contrapartida, a fitase *de Neosartorya spinosa* BCC 41923 foi altamente resistente à maioria dos iões metálicos testados, incluindo Fe^{2+} , Fe^{3+} e Al^{2+} (Pandee, Summpunn, Wiyakrutta, Isarangkul e Meevootisom,2011). Vários autores referiram que os iões metálicos e os reagentes químicos inibem a atividade enzimática. No entanto, o EDTA melhorou a atividade da fitase *do Aspergillus ficuum* NTG-23 a 1,25 mM-10mM em cerca de 10% (Zhang, Dong, Wang, Zhang, Wang e Tong, 2010).

Especificidade do substrato

A especificidade e a afinidade do substrato são propriedades importantes da fitase, especificamente relacionadas com a natureza fisiológica do substrato. Em geral, as fitases apresentam uma ampla especificidade de substrato, com a maior afinidade para o fitato. Apenas algumas fitases foram descritas como altamente específicas para o ácido fítico. Além disso, as fitases são mais atractivas para vários tipos de ésteres de fosfato, como pNPP, AMP, ATP, frutose 1, 6-

bifosfato e glucose 6-fosfato.

Uma fitase recombinante de *Bacillus* sp MD2 apresentou maior atividade em fitato e outros substratos de fosfato. Além disso, esta fitase apresentou uma maior atividade na presença de iões metálicos, bem como de substratos (Tran, Mamo, Mattiasson e Hatti-Kaul, 2010). *A Bacillus subtilis* US417 apresentou uma maior especificidade em relação ao fitato de sódio e ao ATP. Esta fitase não tinha especificidade noutros substratos de fosfato (Farhat, Chouayekh, Ben Farhat, Bouchaala e Bejar,2008).

Uma fitase extracelular de *Aspergillus ficum* NTG-23 demonstrou maior atividade contra compostos fosforilados, com atividade sobre ATP, glucose-6-fosfato e frutose-6-fosfato mais de 2 vezes superior à do fitato de sódio (Zhang, Dong, Wang, Zhang, Wang e Tong, 2010). Com base no valor Km/Kcat e na degradação preferencial do ácido fítico da fitase *de Pichia anomala*, a enzima foi classificada como fitase e não como fosfatase. Além disso, esta fitase purificada apresentou maior atividade em p-nitrofenil pirofosfato, glucose-6-fosfato, ADP, AMP e α-naptil fosfato (Kaur, et al.,2010). Do mesmo modo, a fitase WY-2 *de Aspergillus fumigatus* tinha mais atividade contra o fitato de sódio e outros conjugados de fosfatos. A enzima apresentou uma afinidade elevada para o fitato de sódio de 114 μM e 102 S^{-1} , respetivamente (Wang, Gao, Su, Wu e An, 2007).

A fitase termoestável de *Thermomyces lanuginosus* TL-7 foi exibida como uma enzima que tinha mais afinidade com o ácido fítico. Os valores de Km e Vmax desta fitase são 4,55μM e 0,833μmol/min/mg, respetivamente (Gulati, Chadha e

Saini, 2007b). A fitase associada à parede celular de *Cryptococcus laurentii* AB510 era ativa numa vasta gama de substratos, incluindo ATP, D-glicose 6-fosfato, D-frutose 1,6-difosfato, *p-nitro-fenil* fosfato, mas o seu substrato preferido era o ácido fítico (Km de 21µm) (Van Staden, den Haan, van Zyl, Botha e Viljoen-Bloom,2007).

Estabilidade proteolítica

A suscetibilidade das enzimas alimentares à degradação proteolítica é crucial, uma vez que a taxa e o local de inativação de uma enzima são determinados por esta propriedade. Uma vez que a gama de pH das actuais fitases comerciais é estreita e se situa na gama de pH presente no estômago ou na cultura, estas enzimas podem não atuar no intestino delgado. Por conseguinte, a taxa de inativação a pH ácido pela pepsina será um fator limitativo da sua eficácia.

Uma bactéria isolada de águas residuais da Malásia, que produz fitase periplasmática, reteve 95% de atividade específica após incubação em pepsina durante 30 minutos (Greiner e Farouk, 2007). Uma nova fitase isolada de *Aspergillus ficuum* NTG-23 foi investigada quanto à sua resistência proteolítica com diferentes tipos de enzimas proteolíticas. O resultado desta investigação é que a fitase apresentou 90% de atividade fitase retida após incubação durante 30 minutos. Além disso, era mais estável em relação à pepsina e à tripsina do que as fitases de *A.niger* e *A.oryzae* (Zhang, Dong, Wang, Zhang, Wang e Tong, 2010). Em *Pichia pastoris*, a fitase sobre-expressa de *Neosartorya spinosa* BCC 41923 apresentou mais de 90% de atividade após 2 horas de digestão com pepsina. Em contrapartida, a fitase foi sensível à tripsina, uma vez que 5% da sua atividade residual foi recuperada após tratamento com tripsina (0,01 U/U) (Pandee,

Summpunn, Wiyakrutta, Isarangkul e Meevootisom,2011).

Caracterização biofísica da fitase

A caraterização funcional de muitas das proteínas ou é desconhecida ou foi concluída a partir das sequências de aminoácidos. No caso das enzimas, pouco se sabe sobre as suas especificidades de substrato. Uma identificação da Tm da proteína, do ligando natural e sintético da proteína pode ajudar a identificar as funções bioquímicas nativas das proteínas (Carver, et al., 2005). Para identificar a caraterização funcional da fitase, foram estudados vários métodos biofísicos, como o dicroísmo circular (Zhang, et al.), a calorimetria diferencial de varrimento (DSC), a calorimetria de titulação isotérmica (ITC) e a fluorimetria diferencial de varrimento (DSF). No caso da fitase, até à data, os resultados dos métodos de base biofísica são limitados. Por exemplo, os dados de ITC e CD sugerem coletivamente que a fitase *de Peniophora lycii* teve efeitos positivos limitados na resistência à desestabilização induzida por SDS (Bagger, et al.,2007). Além disso, a fitase *de Peniophora lycii* glicosilada promove a estabilidade cinética confirmada por calorimetria de varrimento diferencial (Hoiberg-Nielsen, et al.,2006). Para compreender a química da interação do fitato com catiões metálicos divalentes e trivalentes biologicamente importantes, descobrir a estequiometria, a afinidade e a termodinâmica desta interação confirmada por calorimetria de titulação isotérmica. O resultado indica que a fitase sujeita tem múltiplos sítios de ligação Ca^{2+} (Kim, et al.,2010).

2.10: Estudos moleculares

2.10.1: Sítio ativo

As fitases são classificadas em três grupos com base no mecanismo catalítico: fosfatases ácidas de histidina do Grupo 1 (EC 3.1.3.2), fitases β-propulsoras do Grupo 2 (EC 3.1.3.8) e o Grupo 3 inclui fitases de cisteína (EC 3.1.3.2). As fitases de fungos e *E.coli* pertencem às fosfatases ácidas de histidina (grupo 1). O sítio ativo da fosfatase ácida de histidina tem RHGXRXP, o dipeptídeo catalítico, e 10 resíduos de cisteína. O sítio ativo da fitase fúngica tem um resíduo de histidina, que serve de nucleófilo na formação do intermediário fosfohistidina.

Além disso, a fitase fúngica é o motivo HD C-terminal (His 361 e Asp 362), que foi reconhecido por (Van Etten e Waymack, 1991). Na fosfatase ácida *de E.coli*, os resíduos His do sítio ativo provocam o ataque nucleofílico à ligação fosfoéster cissil. Além disso, o His catalítico não é protonado a pH baixo, uma vez que o resíduo é rodeado por um maior número de grupos carregados positivamente, mas sim por um resíduo Asp próximo, que poderia protonar o grupo de saída do substrato. Além disso, os estudos da fitase *de Ecoli* revelam que o fosfato presente no substrato, mas não a molécula inteira, interage com o sítio ativo.

Entre todas as outras fitases, a *de Bacillus* phytases é muito investigada. Pertence ao Grupo 2; estas enzimas têm uma estrutura de dobragem em hélice de seis lâminas. As fitases *de Bacillus* não possuem o motivo conservado do sítio ativo RHGXRXP das fosfatases ácidas de histidina e não apresentam homologia com nenhuma das fitases conhecidas (Ostanin e Van Etten,1993). O sítio ativo da fitase *de Bacillus* sp., β-hélice, está localizado na superfície da proteína e é composto principalmente por resíduos carregados negativamente, o que proporciona interações electrostáticas favoráveis para a ligação do Ca^{2+} - fitato. Além disso, a fitase termoestável de *Bacillus amiloliquefaciens*, que adopta a dobra em hélice β e a atividade enzimática, depende dos iões metálicos. Nesta fitase, a presença ou ausência de 3 iões Ca^{+} de entre 6 confirma a atividade enzimática.

A fitase de ácido púrpura é também conhecida como uma fitase de cisteína, uma vez que a cisteína no sítio ativo é conservada e desempenha um papel importante na catálise. A fitase do ácido púrpura (grupo 3) é caracterizada por sete resíduos conservados nos cinco motivos conservados - DXG, GDXXY, GNH (D/E), VXXH e GHXH - envolvidos na coordenação do centro nuclear dimetal (Hegeman e Grabau, 2001), (Li, et al., 2002). Pelo contrário, a fitase de *Selenomonas ruminantium* não contém o motivo RHGXRXP conservado nem é afetada por iões metálicos divalentes. A enzima ativa

está localizado perto de um loop de ligação de fosfato conservado que contém cisteína (loop P) (Chu, et al.,2004).

2.10.2: Estruturas cristalinas da fitase

Os estudos da estrutura cristalina de diferentes fitases revelaram uma gama de diferentes dobras para estas enzimas, o que permite melhorar as suas propriedades bioquímicas e biofísicas para serem racionalizadas com base na sua estrutura. A maioria das fitases microbianas são fosfatases ácidas de histidina e assemelham-se muito a outras dobras de fosfatases ácidas de histidina (Lim, et al., 2000). Por exemplo, a estrutura cristalina da fitase *de Aspergillus ficuum* foi determinada com uma resolução de 2,5 A°, revelando que a fitase *de Aspergillus ficuum* contém três domínios distintos, incluindo um grande domínio α-helicoidal e um domínio β-folha, e um pequeno domínio α-helicoidal. O grande domínio α-helicoidal e o pequeno domínio α-helicoidal contêm cinco α-hélices e quatro α-hélices, respetivamente, e o domínio da folha β contém oito folhas β (Kostrewa, et al.,1997). A estrutura cristalina de uma fitase termoestável de *Debaryomyces castellii* CBS 2923 foi determinada a 2,3 A° . A sobreposição da estrutura cristalina determinada de *Debaryomyces castellii* tem uma estreita semelhança com as fosfatases ácidas de histidina da fitase *de Aspergillus niger* (Ragon, et al.,2009).

A estrutura cristalina da fitase *de E.coli* foi cristalizada a 2,2 A° e também mostrou dois domínios. Um domínio contém cinco hélices α e nove folhas β (Lim, Golovan, Forsberg e Jia, 2000). A estrutura da fosfatase ácida de histidina de *Klebsiella* ASR 1 foi determinada com uma resolução de 1,7 A°, esta estrutura de fitase é semelhante à da fitase *de E.coli*, mas a semelhança da sequência e a via de degradação do fitato são diferentes (Bohm, et al.,2010). Uma fitase da bactéria patogénica *Francisella tularensis* foi co-cristalizada com fosfato inorgânico. Este complexo de tipo selvagem e substrato, juntamente com as diferentes estruturas de mutantes do sítio ativo, foram determinados a 1,85 A° e 1,7 A°, respetivamente, por difração anómala de comprimento de onda único

faseamento (Singh, et al.,2009).

Tabela 3. Caracterização estrutural e molecular da fitase

Bacteria	PDB ID	Amino Acid residues	Type	Diffraction Å	Crystal complex	Active site residue	Reference
Citrobacter braakii	3ZHC	433	Histidine acid phosphatase	2.30		39, 325	(Sanchez-Romero et al. 2013)
Debaryomyces castellii	2GFI	458	Histidine acid phosphatase	2.29		His73, Asp336	(Ragon et al. 2009)
Escherichia coli	1DKL	410	Histidine acid phosphatase	2.30		His17, Asp304	(Lim et al. 2000)
Francisella tularensis	3IT1	342	Histidine acid phosphatase	1.69	L(+)-tartrate	His17, Asp261	(Singh et al. 2009)
Hafnia alvei	4ARS	413	Histidine acid phosphatase	1.90	Myo-Inositol hexakis sulphate and tartrate	His19, Asp307	(Ariza et al. 2013)
Klebsiella sp. ASR1	2WNH	418	Histidine acid phosphatase	1.68		His 25, Asp291	(Böhm et al. 2010)
Yersinia kristensenii	4ARV	441	Histidine phosphatise superfamily	1.67		45,334	(Ariza et al. 2013)
Bacillus amyloliquefaciens	1POO	355	β-propeller	2.10			(Ha et al. 2000)
B. amyloliquefaciens	1H6L	353	β-propeller	1.80	PO_4		(Shin et al. 2001)
Selenomonas ruminantium	1U26	674	Protein tyrosine phosphatise (Cystine phytase)	2.00	D-Myo-Inositol-Hexasulphate	Cys241	(Chu et al. 2004)

Fungi							
Aspergillus niger	3K4P	444	Histidine acid phosphatase	2.40	Myo-Inositol hexakis sulphate	His59, Asp339	(Oakley 2010)
A.fumigatus	1SKB	439	Histidine acid phosphatise	1.58	N-Acetyl-D-Glucosamine	55,334	(Liu et al. 2004)
A.fumigatus	1QWO	442	Histidine acid phosphatase	1.50		58,337	(Xiang et al. 2004)
A.ficuum	1IHP	438	Histidine acid phosphatise	2.5		53,333	(Kostrewa et al. 1997)

De um modo geral, o sítio ativo da fitase de hélice β está associado a iões metálicos. A fitase β-propeller é uma fitase dependente do cálcio, que é essencial para a atividade da enzima. Por exemplo, a fitase *de Bacillus amyloliquefaciens* a 2,1A° de resolução explorou uma hélice β de seis lâminas e cada lâmina consiste numa folha β antiparalela de quatro ou cinco cadeias. Para além disso, esta fitase *de Bacillus amyloliquefaciens* foi parcial e totalmente carregada com Ca^+ e os seus estados foram determinados com uma resolução de 2,1 A°. Esta descoberta revela que o Ca^+ ligado ao sítio ativo tem um papel vital na estabilidade térmica da enzima. A fitase β-propeller de *Bacillus* sp. contém doze resíduos de aminoácidos no sítio ativo, esta fitase com estrutura complexa de fitato revelou que o resíduo Y78 interage com a sexta posição do fosfato, enquanto D75 e R77 formam ligações de hidrogénio com a quinta posição do fitato. A substituição de Y78 A/F mostrou uma perda completa da atividade enzimática, o que indica que Y78 tem um papel intrínseco na atividade catalítica (Osman, et al.,2012).

A fitase *de Selenomonas ruminantium* (Sr) é diferente das outras fitases, uma vez que não possui nem um motivo HD conservado nem uma proteína dependente de metal. Estes resultados indicam que a fitase Sr é suscetível de ter um mecanismo de hidrólise de fosfato diferente. Além disso, as fitases Sr são semelhantes às

proteínas tirosina fosfatases, uma vez que possui atividade de fosfatase com ansa P. Para além disso, a Cys

tem um papel intrínseco na formação da ansa P na cisteína fitase e nas proteínas tirosina fosfatadas.

2.11: Aplicações

A fitase produzida por bactérias e fungos tem sido amplamente utilizada na produção de alimentos para animais e nas indústrias terapêuticas. Atualmente, as aplicações da fitase têm vindo a aumentar gradualmente em vários domínios da biotecnologia.

Formulação de alimentos para animais

Os animais monogástricos, como os bovinos e as aves de capoeira, não têm atividade de fitase no seu aparelho digestivo. Assim, os animais ruminantes não podem metabolizar o fitato, que está presente nos cereais e nas leguminosas sob a forma de fosfato. A fim de aumentar a biodisponibilidade da enzima para os animais, a fitase é suplementada juntamente com os alimentos para animais. Ultimamente, a fitase também é vista como um produto amigo do ambiente, que reduz o nível de poluição por fosfato em áreas de gestão intensiva de gado, evitando a adição de fosfato exógeno (Vats, et al.,2005).

A termoestabilidade da fitase tem um papel vital na granulação dos alimentos, uma vez que a granulação dos alimentos ocorre normalmente a temperaturas entre 65 e 95 °C. Embora as fitases termoestáveis sejam raras entre as fitases que ocorrem naturalmente, foram utilizadas diferentes estratégias para melhorar a estabilidade térmica da fitase, tais como a evolução dirigida e a conceção racional de proteínas (Rodriguez, et al.,2000b). Por conseguinte, a fitase termoestável poderia ser a melhor candidata a suplementos alimentares para animais. Além disso, a maioria dos investigadores tem-se concentrado em melhorar a fitase termoestável.

A fitase hidrolisa o fitato no trato digestivo é determinada pelas propriedades enzimáticas. Uma vez que o estômago é o principal local funcional da fitase suplementar da dieta, a fitase deve ser altamente resistente à pepsina e estável numa gama de pH ácido. Em função do seu pH ótimo, as fitases são classificadas em fitases ácidas e alcalinas. O pH ótimo das fitases ácidas é de cerca de 5,0 e o das fitases alcalinas é de cerca de 8,0 (Konietzny e Greiner, 2002). A fitase é produzida por plantas, micróbios intestinais e mucosa intestinal, mas os dois últimos têm baixa atividade em animais monogástricos (Selle e Ravindran, 2008). As bactérias dos ruminantes são mais eficazes na degradação do fitato porque produzem fitase (Knowlton, et al.,2007). Em geral, as bactérias de ruminantes, tais como *Selenomonas rumninatum* (Puhl, et al.,2008) e *Pediococcus pentosaceus* (Raghavendra e Halami,2009), que produzem fitase, têm sido estáveis a pH 2,0 a 4,5. Uma fitase recombinante de *Aspergillus ficuum* NTG-23 exibiu um pH ótimo a 1,3, enquanto a enzima mostrou uma forte resistência na presença de pepsina e tripsina (Zhang, Dong, Wang, Zhang, Wang e Tong, 2010).

Nutrição humana

A quantidade de fitato ingerida diariamente pela população dos países em desenvolvimento é de 150-1400 mg, pelo que o papel vital da fitase tem vindo a aumentar nas formulações alimentares humanas. No entanto, até à data, ainda não foi lançado no mercado nenhum produto à base de fitase para uma aplicação alimentar relevante. Por conseguinte, os investigadores têm-se concentrado na melhoria do valor nutricional dos alimentos à base de plantas, bem como na melhoria técnica da transformação dos alimentos (Reddy, 2002).

O fitato tem uma carga líquida negativa numa vasta gama de pH e tem mais afinidade com iões metálicos de carga positiva, oligoelementos e proteínas. O impacto destas interações afecta o rendimento e a qualidade dos ingredientes alimentares, conduzindo a uma fraca biodisponibilidade dos minerais para o ser humano

(Wang, et al.,1999). A fitase da mucosa e a fosfatase alcalina estão presentes no intestino delgado humano; no entanto, não parecem desempenhar um papel significativo na digestão do fitato, ao passo que a fitase dietética é um fator importante na hidrólise do fitato (Sandberg e Andersson, 1988).

A aplicação da fitase na saúde humana e na medicina pode representar uma nova e excitante via. De acordo com Pagano et al, o benefício não relacionado com o fósforo da suplementação com fitase na dieta melhora o desenvolvimento ósseo em porcos jovens. Uma vez que o porco parece ser um melhor modelo animal para o ser humano, poderá ser interessante testar se os resultados do porco podem ser transpostos para o ser humano. Por exemplo, a fitase sozinha ou em combinação com outros reagentes, como o estrôncio, para controlar a osteoporose (Pagano, et al., 2007).

Planta transgénica

A fosfatase ácida de histidina (HAPhy) é amplamente utilizada em alimentos para animais, uma vez que a HAPhy foi expressa em excesso em plantas transgénicas (Gutknecht,1997). Além disso, a fitase foi expressa em diferentes plantas dicotiledóneas como a *A. thaliana* (Richardson, et al.,2001), (Xiao, et al.,2005) Alfalfa (Ullah, et al.,2002). A sobre-expressão da fitase nas plantas reduz o ácido fítico nas sementes e nos grãos e é utilizada para consumo animal e humano. Nos seres humanos, esta abordagem pode levar à melhoria das deficiências de ferro e zinco resultantes da quelação destes oligoelementos pelo fitato em alimentos estáveis.

Diferentes tipos de solo têm bastante fitato, mas o fósforo do fitato não é efetivamente utilizado pelas plantas, uma vez que estas produzem pouca quantidade de fitase. Para melhorar a utilização do fosfato orgânico pela alfafa, o gene da fitase *da Medicago truncatula* foi sobre-expresso na alfafa. Como resultado, a planta foi cultivada sem suplementação de fosfato no solo (Ma, et al., 2012). Vários aspectos devem ser considerados na adaptação de uma fitase para hidrolisar de forma óptima o fitato na rizosfera em torno das raízes das plantas. O ponto isoelétrico da fitase parece ser um fator importante para esta hidrólise (George, et al.,2007). Um pI ácido (3,6) da

A fitase *de Peniophora lycii* permitiu-lhe manter-se mais solúvel no ambiente do solo e, assim

mais eficaz na hidrólise do fitato do que a fitase de *Aspergillus niger* com um pI de 5,0. Na escassez de fósforo no solo, as plantas segregam citrato e malato para ajudar na aquisição de fósforo. Por conseguinte, o aumento do nível de fitase na planta através da engenharia genética permite adquirir mais fósforo a partir do fitato do solo (Lei, 2013). Em alternativa, diminui o teor de fitato nas culturas de cereais, como o milho, a cevada, o arroz e o trigo. A eficácia destas culturas com baixo teor de fitato na melhoria da nutrição animal e humana em termos de fósforo e outros elementos está bem documentada. De acordo com Mendoza et al, o milho geneticamente modificado com baixo teor de fitatos absorveu o ferro das tortilhas (Mendoza, et al., 1998). O cultivo de plantas com baixo teor de fitato constituiria um meio adicional de atenuar os problemas alimentares e ambientais decorrentes do excesso de fitato nas sementes.

Alterações do solo

O fósforo é essencial para o crescimento das plantas, aproximadamente 30-80% do P total no solo está na forma orgânica (Harrison,1987). A planta utiliza mal o P do fitato do solo (Anderson,1980). Para aumentar a nutrição fosfatada para o crescimento das plantas, a fitase *de Aspergillus niger* foi expressa em *Nicotiana tabacum* (George, et al., 2005). Ao adicionar microrganismos produtores de fitase e fitase purificada no solo, a utilização do fósforo foi melhorada. Sob stress de fósforo, a fitase extracelular produzida *por B. amyloliquefaciens* FZB45 no solo revela uma estimulação significativa do crescimento (Idriss, et al.,2002).

2.12: Objectivos e âmbito do trabalho

1. Isolamento de micróbios extracelulares produtores de fitase a partir de várias fontes, como a área de desperdício de aves de capoeira, a indústria do papel, as fábricas de extração de óleo de sementes, etc.
2. Identificação molecular e bioquímica dos micróbios
3. Otimização parcial das condições culturais para a produção máxima da enzima através da seleção do organismo produtor de fitase rastreado.
4. Purificação da enzima até ao estado homogéneo
5. Caracterização molecular dos caracteres da enzima, como pH, temperatura, especificidade do substrato, valores de Km e Vmax.
6. Investigar os efeitos dos iões metálicos na atividade da enzima.

CAPÍTULO 3

Material e métodos

3.0:Preparação dos reagentes

Reagente de molibdato de amónio :

Dissolvem-se 100 g de molibdato de amónio em 900 ml de água destilada. Adicionou-se 10 ml de solução de amónio e o volume foi completado para 1000 ml com água destilada (estável durante 1 mês).

Vanadato de amónio:

Adiciona-se 2,35 de vanadato de amónio a 400 ml de água destilada pré-aquecida a 60+1° C . Em seguida, adicionam-se lentamente 20 ml de ácido nítrico. Depois, o volume foi aumentado para 1000 ml com água destilada. (estável durante 1 mês)

Solução de trabalho da AOAC:

Misturaram-se 25 ml de reagente de molibdato de amónio e 25 de vanadato de amónio, aos quais se adicionaram 16,5 ml de ácido nítrico. Em seguida, o volume foi aumentado para 100 ml (estável durante 1 dia).

Substrato de fitato:

Dissolveram-se 10 mM de sal sódico de ácido fítico em tampão de acetato de sódio 100mM

2% de cloreto de cobalto :

Dissolveram-se 2 g de cloreto de cobalto hexamolibdado em 75 ml de água e completou-se o volume para 100 ml

Molibdato aquoso (6,25% (W/V)) :

Dissolvem-se 6,25 g de molibdato de amónio em 90 ml de água destilada, completando-se depois o volume para 100 ml.

Solução de vanadato de amónio (0,42% (W/V)):

Adiciona-se 0,42 g de vanadato de amónio a 40 ml de água destilada pré-aquecida a 60+1° C . Em seguida, adicionam-se lentamente 2 ml de ácido nítrico. Em seguida, o volume foi aumentado para 100 ml com água destilada.

Tampão do gel inferior ou tampão do gel de resolução: (1,5 M Tris-HCl pH 8,8, 0,15 % SDS)

Dissolveram-se 18,121 g de tampão Tris em 100 ml de água destilada autoclavada e ajustou-se o pH a 8,8 com HCl concentrado. Em seguida, adicionou-se 0,15 g de dodeil sulfato de sódio

Tampão superior do gel ou tampão de estabilização do gel: (0,5 M Tris-HCl pH 6,8, 0,15 % SDS)

Dissolveram-se 6,06 g de tampão Tris em 100 ml de água destilada autoclavada e ajustou-se o pH a 6,8 com HCl concentrado. Em seguida, adicionou-se 0,15 g de dodeil sulfato de sódio

Solução de acrilamida a 40%

Dissolveram-se 38,9 g de acrilamida e 1,1 g de bisacrilamida em 100 ml de água

Tampão de funcionamento do gel

25mM de base Tris pH 8,3

192 mM glicina

0,035 % SDS

Dissolveram-se 3,303 g de tampão Tris em 800 ml de água e ajustou-se o pH a 8,3 com HCl concentrado. Em seguida, adicionou-se 14,4 g de glicina, 0,35 g de dodeil sulfato de sódio e o volume foi aumentado para 1000 ml

10 % Sulfato de amónio :

10 mg de sulfato de amónio em 1 ml de água. Este reagente é preparado de fresco sempre que é utilizado.

Composição do tampão do gel inferior ou do gel de resolução (10 %)

40 % Acrilamida2	,5 ml
Tampão de gel inferior ou gel de resolução2	,5 ml
Água4	,9 ml

10 % de amónio por sulfato0 ,050 ml

TEMED0 ,025 ml

*O per sulfato de amónio a 10% foi preparado fresco imediatamente antes da utilização

Composição do tampão do gel superior ou do tampão do gel de estabilização: (10 %)

40 % Acrilamida1 ,0 ml

Tampão de gel inferior ou gel de resolução2 ,5 ml

Água6 ,5 ml

Sulfato de amónio a 10%0 ,050 ml

TEMED0 ,025 ml

*O per sulfato de amónio a 10% foi preparado fresco imediatamente antes da utilização

Tetra-metil-etileno diamina (TEMED): preparado comercialmente.

Solução de coloração:

Coomassie brilliant blue0 ,1gr

Metanol40ml

Ácido acético10ml

Água50ml

Solução de descoloração:

Metanol40ml

Ácido acético10ml

Água50ml

0,5% TCA :

0,5 g de ácido tricloroacético (TCA) foram adicionados à água e armazenados a 4º C

3M Ácido sulfúrico:

Encheu-se um balão volumétrico de 100 ml com ~75 ml de água desionizada destilada em vidro e adicionou-se lentamente 16,8 ml de ácido sulfúrico. Finalmente, o volume foi completado para 100 ml.

Ácido ascórbico aquoso a 1%:

Adicionou-se 1 g de ácido ascórbico e ácido tricloroacético (TCA) à água. Esta solução foi sempre preparada de novo.

Mistura de n-Butanol / Heptano na proporção de 3/2:

Adicionaram-se 60 ml de n-butanol a 40 ml de mistura de heptano numa ampola de decantação e misturou-se suavemente para cima e para baixo durante 5 a 10 minutos até todo o conteúdo estar devidamente misturado.

Reagente de molibdato de amónio aquoso a 5%:

Dissolver 5 g de molibdato de amónio em 70 ml de água destilada e completar o volume para 100 ml com água destilada.

Reagente de molibdato a 2,3%:

2,3 g de reagente de molibdato de amónio em 30 ml de ácido sulfúrico 10 N e o volume foi completado para 100 ml com água destilada.

Reagente ANSA:

Tomar 195 ml de solução de bissulfito de sódio a 15% e adicionar 0,5 g de ANSA dissolvido.

Completar o volume a 200 ml com uma solução de sulfito de sódio a 20 %.

3.1: Seleção, por triagem, de potenciais micróbios produtores de fitase.

3.1.1: Zona de amostragem

As amostras de *Kooradu* e *Kali* foram colhidas em frascos esterilizados em diferentes estábulos de gado e em diferentes casas de localidades suburbanas em redor da cidade de Warangal, A.P. Índia. Foram também recolhidas algumas amostras de "*kali*" (números de série 5 e

7) numa aldeia do distrito de Khammam, em Andhra Pradesh. As amostras de solo com fezes de aves de capoeira foram recolhidas nas lixeiras de explorações avícolas em redor de Warangal e suspensas em água esterilizada (10 g l^{-1}).

3.1.2: Meio utilizado para a cultura de bactérias marinhas.

O meio de seleção de fitase foi utilizado para os estudos de seleção. A composição é a seguinte (g/L)

Dextrose 20,

Triptona 10,

NaCl 5,

KCl 0,1,

fitato hexacálcico 5.

O pH foi ajustado para 8,0.

O fitato de cálcio foi autoclavado separadamente e adicionado aos meios em ambiente estéril para a preparação dos meios.

O meio continha (g l^{-1}) .

A incubação foi efectuada durante 48 horas a 37+1° C. As placas de Petri foram testadas para detetar os micróbios produtores de fitase com a técnica de contra-coloração.

3.1.3: Seleção da estirpe potencial

Deixou-se o solo assentar durante a noite à temperatura ambiente e as águas sobrenadantes foram decantadas e testadas para a flora. As amostras foram diluídas adequadamente com água destilada estéril e aproximadamente 0,2 ml da amostra diluída foram colocados em placas de ágar a 2% em meio sólido diferencial de seleção de fitase (PSM).

3.1.4: Técnica de contra-coloração

As técnicas de contra-coloração foram efectuadas conforme indicado por (Bae HD, et al.,1999). Resumidamente, as placas foram inundadas com cloreto de cobalto a 2% durante 5 minutos, após o que a solução foi substituída e incubada durante 5 minutos à temperatura ambiente com reagente de coloração recentemente preparado, contendo volumes iguais de molibdato aquoso a 6,25% (p/v) e solução de vanadato de amónio a 0,42% (p/v). As colónias que apresentavam zonas claras após a remoção do cromogénio foram separadas e armazenadas em lâminas para estudo posterior em culturas líquidas.

3.1.5: Desfosfriação do meio.

A peptona, a triptona e o extrato de levedura foram tornados isentos de fosfato tratando uma solução a 10% com 10mM MgCl2 e ajustando o pH a 8,6 com 0,1NaoH. Esta solução foi mantida a 4° C durante uma noite e depois centrifugada a 5000 RPM durante 10 minutos para precipitar o fosfato. O sobrenadante foi utilizado na preparação dos meios.

3.1.6: Confirmação dos produtores de enzimas.

As colónias que apresentavam zonas de depuração (áreas translúcidas) foram selecionadas e semeadas em duplicado em placas PSM frescas. Em seguida, os micróbios positivos foram inoculados em meios PSM sem ágar e incubados durante 5 dias a 37+1° C. O filtrado cultural foi testado quanto ao fosfato libertado utilizando o método AOAC.

3.2: Comparação de diferentes métodos de estimativa de fosfato na presença de fitase.

Todos os reagentes utilizados no ensaio eram de qualidade analítica e foram obtidos da Merck, Alemanha. O sal de sódio do ácido fítico foi adquirido à Sigma, EUA. O sal de sódio do ácido fítico (Sigma, Cat n.° P8810) e o hidrogenofosfato de dipotássio foram preparados em tampão de acetato de sódio 0,1 M (pH 5,0). Estas soluções foram utilizadas como reservas para preparar a amostra de ensaio para a análise comparativa dos métodos AOAC, Cooper & Gowing e Fiske-Subbarow de estimativa de fosfato. Todos os métodos foram submetidos a ensaios numa gama de duas concentrações diferentes (0,2-1 ; 2-10μM) . As amostras de ensaio foram preparadas de modo a que uma delas contivesse uma concentração variável ou fixa de fosfato e/ou ácido fítico. Todo o material de vidro foi lavado com água sem fosfatos três vezes antes da utilização, para excluir os artefactos introduzidos pelas amostras de água. Cada amostra de ensaio foi preparada em triplicado e analisada pelos três métodos antes de se chegar a uma conclusão. Cada experiência foi repetida continuamente durante 3 dias por dois investigadores independentes, de forma duplamente cega, e foram obtidos os valores médios de cada dia de experiência. Os valores médios da experiência de 3 dias de experiência são tomados como padrão para comparação com outros métodos. A fim de avaliar a estabilidade do complexo formado e normalizar entre os diferentes métodos, o início da experiência, quando o fosfato reage com o molibdato para formar o complexo, é considerado o ponto de tempo zero. O momento (tal como descrito no protocolo original) em que é efectuada a primeira leitura é considerado o primeiro ponto e a linha de base para a preparação das figuras e da análise. A densidade ótica da amostra foi medida no espetrofotómetro UV-visível (Systronics), Índia, depois de concluído o período de incubação, tal como indicado na literatura.

3.2.1: Método de Fiske & Subbarow

O método de ensaio de Fiske & Subbarow foi efectuado conforme descrito por *Vohra* e *Satyanarayana*, (versão modificada de Fiske e Subbarow) (Fiske e Subbarow,1925b, Vohra e Satyanarayana,2001a). Adicionou-se 1 ml de solução de teste a 0,6 ml de reagente de molibdato a 2,3%. De seguida, adicionou-se 0,2 ml de ANSA. Após uma incubação de 10 min. A absorvância foi lida a 660 nm.

3.2.2: Método de ensaio Copper-Gowing

O método de ensaio de cobre-Gowing foi efectuado conforme especificado anteriormente noutro local (Cooper e Gowing,1983). Tomaram-se 2 ml de solução de teste e adicionaram-se 0,5% de TCA, 0,5 ml de ácido sulfúrico 3M e 0,5 ml de reagente de molibdato de amónio aquoso a 5%. As amostras foram misturadas em ciclo e foram adicionados 2,5 ml de uma mistura de n-butanol/heptano. A camada orgânica superior foi transferida para um novo tubo contendo 4 ml de ácido ascórbico aquoso a 1% e aquecida a 100+1° C durante 20 minutos, tapando os tubos com tampas ou tampões de algodão. A camada inferior foi utilizada para medir a concentração de fosfato através da densidade ótica a 820 nm. A fim de reduzir a influência da condensação durante a descida da temperatura, as leituras foram efectuadas após 5 minutos de incubação à temperatura ambiente.

3.2.3: Método AOAC :

O método descrito por Engelen (Engelen, van der Heeft, Randsdorp, Somers, Schaefer e van der Vat,2001) na AOAC (a seguir designado por método AOAC) foi efectuado da seguinte forma: Misturou-se 1 ml de amostra com 1,5 ml de solução de trabalho (heptamolibdato de amónio 20 mM mais vanadato de amónio 5 mM) e incubou-se durante 1 hora a 37+1° C. A precipitação formada foi removida por centrifugação a 2000 RPM durante 10 minutos. O sobrenadante foi utilizado para calcular o fosfato libertado, medindo a absorvância a 405 nm.

3.3: Fitase no meio de cultura

Após 5 dias de incubação, a cultura foi centrifugada a 10000 RPM durante

10 min e o sobrenadante foi recolhido para um novo tubo. O filtrado da cultura (1 ml) foi misturado com 0,5 ml de substrato (ácido fítico em acetato de sódio 100 mM) e incubado a 37+1° C durante uma hora. Em seguida, adicionou-se 1,5 ml de solução de trabalho e incubou-se durante 1 hora a 37+1° C. A precipitação formada foi removida por centrifugação a 2000 RPM durante 10 minutos. O sobrenadante foi recolhido e avaliado quanto à libertação de fosfato.

3.4: Identificação de bactérias

3.4.1: Caracterização bioquímica

As estirpes positivas foram selecionadas e depois identificadas utilizando parâmetros bioquímicos e físicos, tal como sugerido pelo manual de Bergey. Inicialmente, foram realizados testes específicos para coloração de Gram, coloração de esporos, motilidade, produção de indol, teste MR-VP, hidrólise de gelatina, utilização de citrato, ágar de ferro com açúcar triplo, atividade de oxidase, produção de catalase, redução de nitrato, produção de urease e hidrólise de amido, de acordo com a metodologia padrão. Posteriormente, a tolerância à temperatura e ao pH foi efectuada de acordo com a metodologia normalizada. A capacidade de fermentar açúcares como a arabinose, a sacarose, a glucose, a frutose, a xilose, a rafinose e o manitol como únicas fontes de carbono foi também avaliada para as estirpes isoladas.

3.4.2: Identificação molecular de bactérias

Para a identificação molecular, foram selecionadas duas estirpes e depois enviadas para o CDRI para identificação bacteriana. As bactérias foram cultivadas em caldo marinho de Zobell e incubadas durante 48 horas numa incubadora rotativa a 37^0 C. O isolamento do ADN genómico foi efectuado com o kit de ADN genómico bacteriano GenElute™ (Sigma) e quantificado em conformidade. A amplificação da sequência de 16s rRNA foi realizada utilizando os primers universais 63F (CAGGCCTAACACATGCAAGTC; 0,2 μM conc. final), 1387R (GGGCGGWGTGTACAAGGC; 0,2 μM conc. final) e 25μl de mistura de reação com 12,5 μl de Emerald Amp PCR master mix (2X premix), ADN modelo (conc.10ng final). As condições de reação foram 95^0 C durante 3 minutos, 30 ciclos de cada 95^0 C durante 1 minuto, 55^0 C como temperatura de recozimento durante 1 minuto, 72^0 C durante 1,30 minutos e amplificação final 72^0 C durante 10 minutos.

A sequenciação do segmento de ADN amplificado foi efectuada por um sequenciador ABI 3730 XL de alto rendimento com 96 capilares. A sequenciação foi verificada quanto à existência de quimeras através da ferramenta baseada na Web "DECIPHER" e as bases de baixa qualidade foram cortadas pela ferramenta DNA Baser versão 3.1 (Heracle biosoft SRL) com a definição predefinida de número de bases boas 75%, comprimento da janela 18 bases, base boa 25[QV]. O blast foi efectuado com a base de dados NCBI e a árvore filogenética foi feita com o método da árvore de junção de vizinhos com uma diferença máxima de sequência de 0,75.

3.5: Preservação bacteriana

Uma vez selecionadas as estirpes para os trabalhos posteriores, estas foram armazenadas em reservas de glicerol para garantir a sua consistência, bem como em culturas de reserva. Transferiu-se uma amostra de cultura para 25 ml de meio PSM pré-esterilizado num balão de 100 ml e incubou-se durante 24 horas a 37° C com agitação. Após a incubação, a cultura foi centrifugada a 10.000 RPM durante 10 min, o sobrenadante foi removido deixando 2 ml de meio. O pellet foi ressuspendido no meio restante e foram-lhe adicionados 2 ml de solução-mãe de glicerol autoclavado a 87%, seguido de agitação com um vértice. A amostra foi dividida em alíquotas de 500 μL em eppendorfs e armazenada a -20 C°

3.5.1: Processo de fermentação

Para todos os ensaios, precisamos de ter uma maior quantidade de enzimas. Por isso, o primeiro trabalho que foi efectuado é a seleção dos meios com melhor rendimento enzimático. Para isso,

Foram selecionados três meios diferentes com diferentes fontes de azoto e

Media 1	Peptone 15g/L Dextrose 15 g/L KCl 0.5 g/L $MgSo_4$ 0.5 g/L

	Nacl 1 g/L pH 6
Media 2 :	Tryptone 15g/L Dextrose 15 g/L KCl 0.5 g/L $MgSo_4$ 0.5 g/L Nacl 1 g/L, pH 6
Media 3 :	Yeast extract 15g/L Dextrose 15 g/L KCl 0.5 g/L $MgSo_4$ 0.5 g/L Nacl 1 g/L pH 6

Depois de a cultura ter sido incubada durante 5 dias a 37+1° C, o sobrenadante foi recolhido por centrifugação a 5000 RPM durante 10 minutos para precipitar as bactérias. O sobrenadante foi testado quanto ao fosfato libertado utilizando o método AOAC.

3.4.3: Estimativa do peso húmido

Os copos de centrifugação foram secos a 80^0 C durante uma noite e pesados até ao nível de mg utilizando uma balança de bancada. Depois disso, o peso do copo foi anotado. Em seguida, o filtrado da cultura com 5 dias foi colocado no copo e sujeito a centrifugação a 10 000 RPM durante 15 minutos, de modo a que todas as bactérias descessem para o copo. Depois de centrifugados todos os 100 ml, as bactérias recolhidas em dois copos foram reunidas num copo utilizando tampão de acetato de sódio (pH 5) e novamente sujeitas a centrifugação a 10 000 RPM durante 15 minutos. Após a centrifugação, o sobrenadante foi eliminado e os copos foram colocados em posição invertida durante 5 minutos, de modo a que qualquer gota de água residual escorresse. Após este procedimento, o peso do copo foi novamente medido. O peso do copo após a centrifugação subtraído do peso do copo centrifugado dará origem ao peso da biomassa dos micróbios para os 100 ml de filtrado da cultura

3.4.4: Influência dos metais na produção

Para compreender as necessidades de metal e outros parâmetros, foi analisado o efeito de diferentes metais no crescimento dos micróbios e na produção de fitase. Foram utilizados cem ml de meio 1 para todos os estudos e, no meio, foram incorporadas concentrações de 10 mM dos vários metais KCl, MgSo4 ,Nacl, ZnSo4 ,CuCl2, CoCl2,NH4(NO2)3 nas formas salinas correspondentes e autoclavadas durante 15 minutos a 121° C. Os frascos cónicos, juntamente com o controlo, foram mantidos no agitador orbital a 120 RPM durante 2 dias a 36° C. Após o tempo de incubação, o rendimento do crescimento foi calculado através da medição do peso seco. 10 ml do extrato enzimático foram submetidos a diálise para eliminar a contaminação por fosfato que poderia surgir durante o crescimento devido à morte de micróbios ou a algumas fontes exógenas (isto é, dos metais que foram adicionados). A diálise foi efectuada durante 24 horas contra o tampão de acetato de sódio. Em seguida, apenas o rendimento enzimático foi medido utilizando o método AOAC.

3.6: Produção em grande escala da enzima

Para a purificação da enzima, foram colhidas culturas com 5 dias de idade e o sobrenadante foi recolhido por centrifugação a 10.000 RPM durante 10 minutos a 4°C. Em seguida, adicionou-se 1,2 mM de PMSF (concentração final) ao sobrenadante antes de o submeter à precipitação com sulfato de amónio. A cultura sobrenadante contendo os tubos foi transferida para um tabuleiro com gelo e incubada num agitador magnético durante 1 hora. Durante este tempo, foi adicionado sulfato de amónio ao sobrenadante. Depois de dissolver a quantidade necessária na cultura, as soluções foram centrifugadas e os pellets foram recolhidos por centrifugação a 12.000 RPM durante 30 minutos. Foram recolhidas várias fracções de 0 a 80% de sulfato de amónio. O sedimento foi dissolvido em 5 ml de tampão de acetato de sódio 100 mM pH 5,5 e dialisado contra acetato de sódio 100 mM pH 5,5 num saco de diálise semipermeável (MWCO 10 KD) durante 12 horas a 4°C. Após a diálise, a proteína total foi estimada pelo método de LOWRY'S e a atividade enzimática foi estimada de acordo com a AOAC. A presença de fosfatase ácida foi estimada utilizando o para-nitrofenilfosfato como substrato.

3.7: Estimativa das proteínas

A concentração total de proteínas foi determinada pelo método de Lowry, utilizando BSA como padrão.

3. 7.1: Purificações da fitase.

5 g de DEAE-celulose foram inchados durante a noite em acetato de sódio 100mM, pH 5,5 a 4°C, seguido do enchimento da coluna de 1cm X 10 cm de comprimento. As fracções que revelaram uma atividade positiva de fitase foram agrupadas e carregadas na coluna. As proteínas são então eluídas utilizando 50 ml de acetato de sódio 100 mM, pH 5,5, contendo um gradiente linear de 0 a 0,2 M de NaCl. As fracções obtidas foram novamente concentradas utilizando a membrana de diálise (MWCO 10 KD). As fracções foram então submetidas à atividade de fitase pela AOAC.

Cromatografia de filtração em gel

5 g de coluna Sephadex G-50 foram inchados durante a noite em acetato de sódio 100mM, pH 5,5 a 4°C, seguindo-se o enchimento da coluna com 1cm X 10 cm de comprimento. As colunas foram equilibradas com 50 ml de acetato de sódio 100 mM recentemente preparado, pH 5,5. As fracções que revelaram uma atividade positiva foram agrupadas e carregadas na coluna, sendo depois eluídas com acetato de sódio 100 mM, pH 5,5, a um caudal de 3 ml/min.

Análise SDS PAGE

O peso molecular da proteína e a pureza da amostra foram analisados através da análise SDS-PAGE a 10%. Para a análise de SDS-PAGE, as placas de vidro do aparelho de mini-gel são embebidas em ácido crómico durante 1 hora e depois lavadas com água. Em seguida, as placas são colocadas sobre um papel absorvente limpo e deixadas a secar ao ar. Em seguida, coloca-se um espaçador entre duas placas de vidro e monta-se o limite superior desejado do gel de resolução. Num frasco cónico, prepara-se o gel de dissolução, recolhendo todo o material necessário nas quantidades requeridas. Em seguida, a solução é misturada adequadamente, não vigorosamente nem lentamente, mas a uma velocidade média, para que não se acumule muito oxigénio no frasco. Sobre esta mistura, coloca-se uma camada de isobutonol saturado de água, de modo a excluir o oxigénio da superfície. Após a formação de um tempo claro que indica a polimerização do gel, o isobutonol é drenado com papel de filtro sem perturbar a superfície. Prepara-se a mistura de gel de empilhamento e sobrepõe-se ao gel de resolução. Em seguida, coloca-se um pente de Teflon deixando cerca de 5 mm entre o topo do gel de resolução e a base do pente e deixa-se polimerizar. O aparelho foi montado tal como indicado no manual do fornecedor. Em seguida, enche-se o tampão do gel de corrida nos reservatórios superior e inferior do aparelho de eletroforese e removem-se as bolhas de ar. A amostra foi misturada com tampão de amostra 2X na proporção de 1:1 e aquecida durante 5 minutos em água a ferver. Para que a proteína desnature, a amostra foi arrefecida e 15 μM de cada amostra foram cuidadosamente colocados no poço do gel. Em seguida, o aparelho foi ligado a uma fonte de alimentação que tem uma constante

tensão de 100V ou 20mA. A fonte de alimentação foi mantida até a banda de corante atingir o fundo do gel. Em seguida, os géis foram separados das placas de vidro e o gel foi colocado no meio para formar uma metade igual em formato longitudinal, tendo uma amostra sido colocada na solução de commassie blue R para coloração. Após 12 horas, apareceu uma banda no gel. O gel foi destapado com solução destapante

Purificação por HPLC:

As fracções da filtração em gel que foram positivas para as actividades foram separadas por HPLC (Water Series 200) numa coluna de fase reversa (Vydac 218TPC18, 25X64,6 mm, 5μm) (Dalco chromtech AB). Após a injeção, as amostras foram eluídas com um gradiente de acetonitrilo em ácido trifluroacético aquoso a 0,1% a 1 ml por minuto. Cada peck foi recolhido como fracções e armazenado a 80° C. As amostras foram liofilizadas, redissolvidas em água e analisadas pelo método AOAC.

Análise MALDI

Para determinar o peso molecular exato das amostras de proteínas isoladas da filtração em gel, as amostras foram enviadas para o CDRI, Lucknow, para análise ESI-MS MALDI-TOF. Este peso molecular foi obtido através de um pequeno ajuste no sinal de leitura com base no peso molecular obtido por SDS-PAGE

Especificidade do substrato

A especificidade do substrato da enzima purificada é confirmada através do ensaio da enzima contra diferentes compostos que contêm fosfato. Todos os compostos testados (ácido fítico, AMP, ADP, ATP, NADP, sal dissódico de 1 naftil fosfato, sal dissódico de 4-nitrofenil fosfato, sal dissódico de glicose-6-fosfato, fosfato de nicotinamida adenina di-nucleótido, O-nitrofenil-b-glactopirrosdina (ONPG), fosfato de para-nitrofenilo, sal dissódico de inosina-5-monofosfato desidratado, inositol) foram dissolvidos em tampão de acetato de sódio 100 mM, pH 5.5 para obter uma concentração final de 1 mM. Adicionou-se 0,5 ml de solução de substrato à solução enzimática e incubou-se durante 0-120 min

3.8: Cálculo das unidades de enzima na amostra

$$\text{Units/ml enzyme} = \frac{(\mu\text{moles of phosphate released})\,(\text{df})}{(60)(0.5)}$$

onde:

df = fator de diluição

60 = Tempo (em minutos) do ensaio de acordo com a definição da unidade

0,5 = volume (em mililitros) de enzima utilizada

Para o cálculo da unidade enzimática, começou-se por fazer a curva-padrão utilizando hidrogenofosfato de dipotássio em tampão acetato de sódio 0,1 M (pH 5,0). Estas soluções foram utilizadas como reservas para preparar a amostra de ensaio para a análise comparativa da AOAC. Foram tomadas diferentes concentrações conhecidas (0,2-10 μM) do fosfato e foi preparada uma curva padrão. Em seguida, a unidade enzimática foi calculada com base na curva padrão de fosfato, utilizando o método AOAC. Adicionou-se 0,5 ml de substrato (ácido fítico em acetato de sódio 100 mM, pH 5,5) a 0,5 ml de solução enzimática e incubou-se durante 60 min. Em seguida, as amostras foram adicionadas a 1,5 ml de solução de trabalho e incubadas durante 1 hora a 37+1° C. A solução foi recolhida e o valor de

A absorvância foi medida. Utilizámos

Cálculo de Vmax e Kmax da enzima fitase

Para calcular o Vmax e o Kmax, foram adicionadas diferentes quantidades de soluções de ácido fítico (0,2-1 μ M) a 0,5 ml da solução enzimática e incubadas durante 1 hora. Em seguida, as amostras foram adicionadas a 1,5 ml de solução de trabalho e incubadas durante 1 hora a 37+1° C. O sobrenadante foi recolhido e a absorvância foi medida. Todos os dados experimentais foram obtidos através da determinação em triplicado e os valores médios foram utilizados para o cálculo. Utilizando os dados obtidos, Vmax e Kmax para a enzima fitase purificada foram calculados utilizando o gráfico de Lineweaver-Burk, construído em SigmaPlot versão 12 (Systat Software Inc., EUA) com as predefinições.

Curso temporal da atividade enzimática

Para o estudo cinético do tempo, foram adicionados 0,5 ml de substrato (ácido fítico em acetato de sódio 100 mM pH 5,5) à solução enzimática (0,2 U/ml) e incubados durante 0-120 min. A cada intervalo de 10 minutos, as amostras foram recolhidas e adicionadas a 1,5 ml de solução de trabalho e incubadas durante 1 hora a 37+1° C. Qualquer precipitação formada foi removida por centrifugação a 2000 RPM durante 10 min. O sobrenadante foi recolhido e avaliado quanto à libertação de fosfato.

Efeito da temperatura na atividade da fitase

Adicionou-se 0,5 ml de substrato (ácido fítico em acetato de sódio 100 mM pH 5,5) à solução enzimática (0,2 U/ml) e incubou-se à temperatura de 25°C, 30°C, 35°C, 40°C, 45°C, 50°C, 55°C, 60°C, 65°C, 70°C 75°C) durante uma hora. Em seguida, adicionou-se 1,5 ml de solução de trabalho e incubou-se durante 1 hora a 37+1° C. Qualquer precipitação formada foi removida por centrifugação a 2000 RPM durante 10 min. O sobrenadante foi recolhido e avaliado quanto à libertação de fosfato.

Efeito do pH na atividade da fitase

A solução enzimática (0,2 U/ml) foi adicionada a 0,5 ml de ácido fítico em acetato de sódio 100mM de pH diferente de 2,0, 2,5, 3,0, 3,5, 4,0, 4,5, 5,0,

5,5, 6,0, 6,5, 7,0, 7,5, 8,0, 8,5, 9,0, 9,5, 10,0 e incubada a 45+1° C (Controlo) durante uma hora. Em seguida, adicionou-se 1,5 ml de solução de trabalho e incubou-se durante 1 hora a 37+1° C. A precipitação formada foi removida por centrifugação a 2000 RPM durante 10 minutos. O sobrenadante foi recolhido e avaliado quanto à libertação de fosfato.

Efeito dos iões metálicos na atividade da fitase

Diferentes sais (KCl, MgSO4, NaCl, ZnSO4, CuCl2, CoCl2, NH4(NO2)3) de concentração 0,001M foram dissolvidos em acetato de sódio 10mM de diferentes pH 5,5 de modo a que a concentração final seja 1M. Para a análise, a solução enzimática (0,2 U/ml) foi adicionada a 0,5 ml de ácido fítico contendo uma concentração 10mM (final) dos vários metais em acetato de sódio 100mM pH 5,5 e incubada a 45+1° C. Em seguida, adicionou-se 1,5 ml da solução de trabalho e incubou-se durante 1 hora a 37+1° C. Qualquer precipitação formada foi removida por centrifugação a 2000 RPM durante 10 min. O sobrenadante foi recolhido e avaliado quanto à libertação de fosfato.

CAPÍTULO 4

Resultados e discussão

4.0:Rastreio e seleção de potenciais micróbios produtores de fitase

O ácido fítico (myo-inositol hexakis phosphate) é a principal forma de armazenamento de fosfato em cereais e sementes oleaginosas (Reddy, et al.,2015, Reddy,2002, Reddy, et al.,1982). Os animais monogástricos, como os peixes, os suínos e as aves de capoeira, não conseguem utilizar esta fonte de fosfato porque não possuem a enzima fitase nos seus intestinos. Por conseguinte, as formulações de alimentos para estes animais requerem fosfato inorgânico como suplemento (Nelson,1967, Nelson, et al.,1968a, Nelson, et al.,1968b, 1971). Para além de aumentar os custos das rações, o fosfato inorgânico é um recurso que se esgota rapidamente (Abelson,1999) e é necessário conservá-lo. O fitato presente nos alimentos actua como um fator anti-nutricional porque se complexa com proteínas (Hartman,1979) e metais (Erdman,1979), reduzindo assim a sua biodisponibilidade. O fitato excretado nas fezes cria o problema da poluição por fosfato em áreas de produção intensiva de gado monogástrico (Bhavsar e Khire,2014, Common,1989 , Dersjant-Li, et al.,2014, Lei,2013, Wodzinski e Ullah,1996). Os métodos químicos e físicos para hidrolisar o fitato são dispendiosos

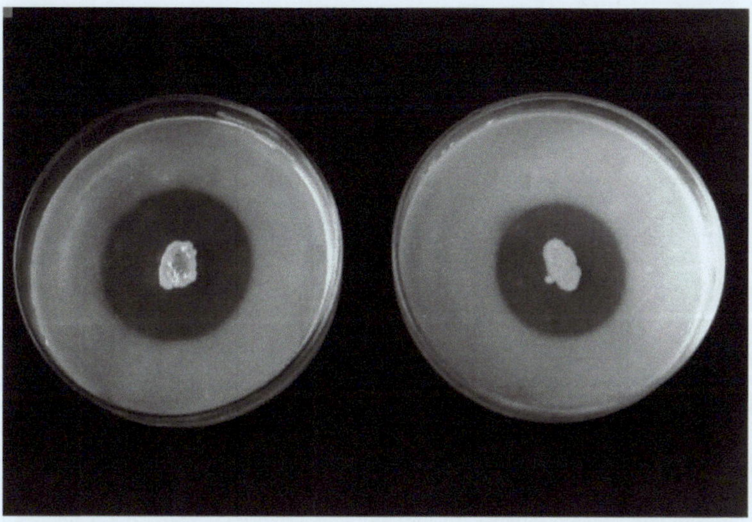

Figura 1. Rastreio da capacidade de produção de fitase por estirpes puras.

e reduzem o valor nutritivo das rações, pelo que é necessário encontrar métodos alternativos para a hidrólise do fitato (Khetarpaul e Chauhan,1990). A suplementação das rações com a enzima fitase, que hidrolisa o fitato em derivados de mioinositol menos fosforilados, é uma abordagem promissora (Nasi,1990, Naves, et al.,2015, Nelson, Shieh, Wodzinski e Ware,1971, Saima, et al.,2014, Shang, et al.,2015, Simons, et al.,1990, Taheri, et al.,2015, Wang, et al.,2014, Wu, et al.,2014) . Pode resolver tanto os problemas nutricionais como os problemas de poluição.

A fitase pertence à família das fosfatases ácidas de histidina (Ullah, et al.,1991, Van Etten e Waymack,1991). A União Internacional de Bioquímica (1979) reconhece duas categorias de fitases, as 3-fitases (EC 3.1.3.8) e as 6-fitases (EC 3.1.3.26), com base na sua capacidade de catalisar a hidrólise em posições específicas do grupo éster de fosfato na molécula de fitato (Cosgrove,1970, Cosgrove DJ,1966). Enquanto as primeiras se encontram geralmente nos microrganismos, as segundas encontram-se sobretudo nas plantas. Ambas as fitases são capazes de desfosforilar sucessivamente o fitato em inositol. A maioria dos microrganismos produtores de fitase da natureza foram isolados de solos (Coban e Demirci,2014, Demirkan, et al.,2014, EY, et al.,2007, Howson e Davis,1983 , Kumar, et al.,2013, Kusumadjaja, et al.,2009, Olstorpe, et al.,2009, Raghavendra e Halami,2009, Shieh e Ware,1968, Wang, et al.,2005, Zhao, et al.,2007) e a flora ruminal (Lan, et al.,2002, Nakashima, et al.,2007, Raun, et al.,1956, Yanke, et al.,1998). No entanto, várias fontes naturais de organismos produtores de fitase permanecem inexploradas (Bae HD, Yanke LJ, Cheng KJ e Selinger LB,1999). Existem muito poucos relatórios sobre micróbios produtores de fitase da Índia, incluindo a bactéria Lactobacillus amylovorus (Sreeramulu, et al.,1996) e a levedura Pichia anomala (Vohra e Satyanarayana,2001b, Vohra e

Satyanarayana,2002 -b, Vohra e Satyanarayana,2003, 2004). Nesta tese, gostaríamos de comunicar o isolamento de bactérias produtoras de fitase a partir de três novas fontes, incluindo os sistemas tradicionais de fermentação "Kooradu", os alimentos líquidos para gado "Kudithi" e amostras de solo de lixeiras de aves de capoeira. O "Kooradu" contém águas residuais fermentadas de arroz chamadas "kali", que são utilizadas pelas mulheres rurais da Índia para cozinhar os alimentos à base de cereais. Estes fermentos, bem como os alimentos líquidos do gado, são uma boa fonte de micróbios, contribuindo para as vitaminas e enzimas dos alimentos. Contêm também uma grande quantidade de material derivado do farelo, incluindo fitato. Foram isoladas várias estirpes das amostras líquidas (Kudithi e kali) e também das amostras de solo das lixeiras de aves de capoeira em culturas preliminares. Quando as estirpes foram analisadas em PSM contendo fitato hexacálcico insolúvel, 60 estirpes exibiram zonas claras à volta das colónias. A técnica de contracoloração, utilizada para diferenciar as estirpes, indicou que apenas 13 destas 60 estirpes são potenciais candidatas à produção de fitase. Não foram efectuados mais estudos de produção de enzimas em estirpes que não conseguiram passar a técnica de coloração de contraste. Estudos de confirmação, utilizando a técnica de ensaio para a enzima extracelular segregada no caldo, mostraram que apenas nove destas treze estirpes produziram níveis detectáveis de fitase extracelular (Quadro 4). A identificação exacta e definitiva dos microrganismos é extremamente importante para o nosso trabalho, uma vez que ajudará a eliminar os micróbios para os quais a atividade de fitase é definida ou eliminará a possibilidade de trabalhar com micróbios patogénicos em grandes volumes. Tradicionalmente e ainda hoje, as estirpes bacterianas são identificadas através de métodos bioquímicos. Por isso, começámos por fazer uma experiência de coloração de Gram para conhecer a estrutura e o estado de Gram dos isolados. Durante o nosso trabalho, identificámos também algumas estirpes de fungos, que foram identificadas por coloração adequada. Como rastreio preliminar, concentrámos o nosso estudo na identificação do nível do género, de modo a que as estirpes duplicadas possam ser eliminadas da análise. As bactérias foram então identificadas com base em caraterísticas morfológicas e bioquímicas de acordo com o Manual de Bacteriologia Sistemática de Bergey

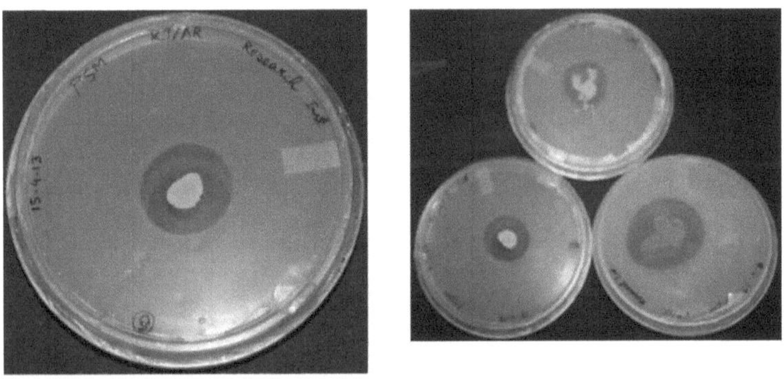

Figura 2. Rastreio da capacidade de produção de fitase por estirpes puras.

Quadro 4: Caraterísticas bioquímicas dos isolados

Test	*Staphylococcus*	*Streptococcus*	*Lactobacillus*	*Pseudomanos*	*Klebsilella*
Gram reaction	+	+	+	-	-
Shape	Coccus	Coccus	Coccus	Rod	Rod
Aerobic growth	+	+	+	+	+
Anaeraobic growth	-	+	+	-	+
Endospores	-	-	-	-	-
Motility	-	-	-	+	-
Catalase reaction	+	+	-	+	+
Benzidine reaction	+	+	-	+	+
Oxidase reaction	+	-	-	+	-
Glucose fermentation for acid or gas	-	+	+	-	+

Um dos principais problemas na despistagem de um grande número de estirpes microbianas quanto à sua capacidade de produção de fitase é a falta de disponibilidade de uma técnica de despistagem rápida. Os procedimentos normalizados utilizados para medir a atividade de fitase de isolados individuais em solução (Shimizu,1992) não são adequados para este fim. Para o efeito, foi desenvolvido um PSM sólido contendo fitato de sódio ou de cálcio insolúvel (Howson e Davis,1983 , Shieh e Ware,1968). Os organismos que hidrolisam o fitato foram identificados com base na zona clara formada à volta das colónias (Figura 1). Esta técnica, embora útil, tem as suas limitações. Por exemplo, Tseng et al. (2000) descobriram que algumas das estirpes previamente identificadas como potenciais micróbios produtores de fitase em PSM não conseguem produzir a enzima em caldo líquido (Tseng, et al.,2000). Em contrapartida, algumas estirpes, que foram identificadas como negativas, demonstraram produzir quantidades elevadas de fitase. Por conseguinte, algumas das estirpes positivas para fitato podem não ser identificadas por esta técnica. Além disso, foi demonstrado que as bactérias produtoras de ácido dão resultados falsos com a primeira técnica (Bae, Yanke, Cheng e Selinger, 1999). Este facto defende a necessidade de métodos de contracoloração, tal como descrito anteriormente. A técnica permite a discriminação dos micróbios produtores de fitase dos produtores de ácido.

Com base na identificação bioquímica, verificou-se que três dos quatro isolados bacterianos de 'kali' (Sl. Nos. 4-7) eram *Serratia sp., Staphylococcus sp. e Streptococcus sp.* Por outro lado, duas espécies bacterianas, *Bacillus sp.* (Sl. Nos. 2 e 3) e uma estirpe de levedura (Y9) isolada de 'kudithi'. Estas estirpes segregaram enzima fitase na gama de 0,18-0,37 U ml$^{)1}$. As amostras de solo de resíduos de aves de capoeira deram origem a duas espécies bacterianas, *Klebsiella sp.* e *Pseudomonas sp.*, com uma atividade de fitase de 0,17 U ml^{1} . Entre as espécies que apresentam atividade de fitase, Staphylococcus sp. de 'kali' produziu quase o dobro da atividade (0,37 U ml^{1}), em comparação com as outras espécies. Estes micróbios apresentaram resultados positivos tanto em PSM como em caldo líquido. Dois dos isolados bacterianos Pseudomonas (Sl. No. 1) e Lactobacillus (Sl. Não.

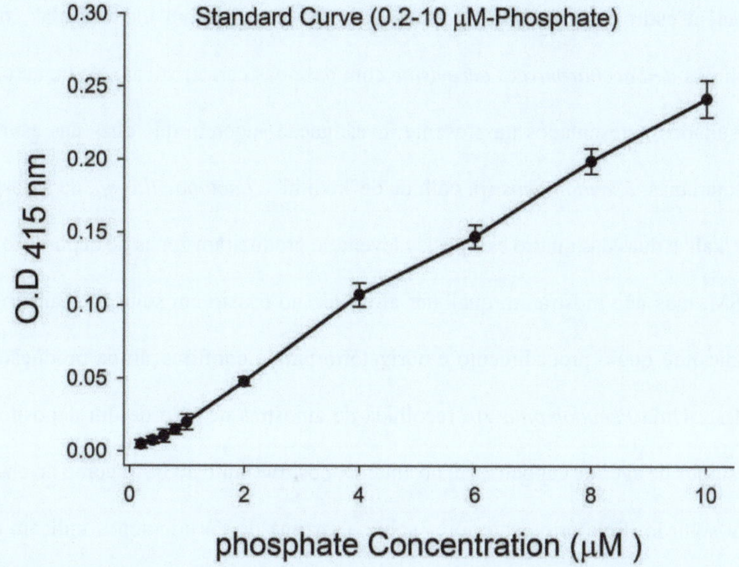

Figura 4. Curva padrão do método AO AC de estimativa de fosfato. O r^2 para o gráfico foi encontrado para ser R = 0,997 Rsqr = 0,994 Adj Rsqr = 0,993.

6) apresentaram zonas de clareamento no PSM mesmo após a coloração de contraste com o reagente de molibdato-vanadato, mas a enzima não pôde ser detectada no sobrenadante. Foram detectadas muitas estirpes de leveduras na amostra "kudithi". Quatro destas estirpes de levedura (Sl. Nos. 10- 13) estavam a mostrar zonas de tamanho máximo de clareamento em PSM, mas no ensaio de solução, apenas duas destas estirpes de levedura, Y4, Y9 foram positivas para fitase. Tanto o Kudithi como o kali continham bactérias produtoras de fitase, mas a composição de espécies dos dois sistemas de fermentação é diferente. As bactérias pertencentes a *Serratia, Staphylococcus* e *Streptococcus* são predominantes na amostra "kali", mas *Bacillus* e *Pseudomonas* eram abundantes nos alimentos para bovinos. Além disso, os alimentos líquidos para bovinos

contêm estirpes de levedura produtora de fitase que foram identificadas como estirpes *de Saccharomyces cerevisiae* com base nas caraterísticas. No entanto, os resultados apresentados na presente investigação sugerem que duas das estirpes bacterianas, *Pseudomonas sp.* colhida de 'kudithi' e *Lactobacillus sp.* de amostras de 'kali' e duas das quatro estirpes de levedura, produziram zonas de depuração em PSM, mas não mostraram qualquer atividade no ensaio em solução (Quadro 4), indicando que o procedimento é obrigatório para a confirmação da produção de fitase. Uma *Pseudomonas sp.* recolhida de amostras de solo de um depósito de resíduos de aves de capoeira foi, no entanto, positiva tanto no PSM como no ensaio em solução. Relatórios anteriores sobre a enzima de Pseudomonas indicam que esta se encontra ligada às células (Irving e Cosgrove,1970). A variação de espécies ou estirpes nas duas amostras pode ser a causa da variação observada. As espécies bacterianas *Klebsiella e Pseudomonas* eram abundantes na amostra de solo, mas não no sistema de fermentação. As três espécies bacterianas, *Serratia, Staphylococcus e Streptococcus*, isoladas da amostra de "kali" não foram referidas na literatura como sendo microrganismos produtores de fitase. No entanto, *os Staphylococcus* apresentaram um rendimento elevado no ensaio enzimático, pelo que optámos por investigar a fitase da *Klebsiella* (o segundo maior produtor) devido à patogenicidade associada.

Quadro 5: Lista de micróbios com resultados positivos na produção de fitase. (A atividade enzimática é indicada em unidades por ml; o tamanho da zona de depuração é indicado como o diâmetro da zona em mm) BAM significa estirpes bacterianas. Apenas os géneros foram identificados com base em caraterísticas morfológicas e bioquímicas. Y significa estirpes de leveduras. Os dados fornecidos são a média + DP de três experiências independentes.

Isolated strain	Source of Microorganism	Size of clearance zone (mm) Size ± S.D	Enzyme Activity (U/ml) Mean ± S.D	Microbe
BAM 2	Kudithi	22±0.1	0.02±0.001	*Pseudomonas sp.*
BAM 4	Kudithi	22±0.3	0.18 ±0.005	*Bacillus sp.*
BAM 5	Kudithi	27±0.6	0.19±0.003	*Bacillus sp.*
BAM 6	Kali	22±0.8	0.18±0.006	*Streptococcus sp.*
BAM 8	Kali	38±0.2	0.37±0.004	*Staphylococcus sp.*
BAM 9	Kali	21±0.1	0.00	*Lactobacillus sp.*
BAM 10	Kali	30±0.4	0.19±0.001	*Serratia sp.*
BAM 21	Poultry waste	10±0.6	0.17±0.003	*Klebsiella sp.*
BAM 22	Poultry waste	20±0.3	0.17±0.002	*Pseudomonas sp.*
Y1	Kudithi	23±0.7	0.00	*Saccharomyces cerevisiae*
Y4	Kudithi	18±0.7	0.11±0.004	*Saccharomyces cerevisiae*
Y9	Kudithi	21±0.1	0.19±0.003	Saccharomyces cerevisiae
Y11	Kudithi	14±0.4	0.00	*Saccharomyces cerevisiae*

A identificação tradicional baseada em caraterísticas bioquímicas e fenotípicas não é geralmente tão exacta como a identificação baseada em métodos genotípicos. Os recentes avanços na bioinformática, a utilização generalizada da PCR e a sequenciação do ADN desempenharam um papel fundamental na identificação exacta de isolados bacterianos até ao nível das subespécies. Vários investigadores em todo o mundo em todo o mundo utilizaram a sequência do gene 16S rRNA para identificar estirpes mal descritas, raramente isoladas ou fenotipicamente aberrantes e bactérias não cultivadas (Clarridge,2004, Woo, et al.,2008). Tendo em conta estes dados, procedemos à identificação da nossa estirpe selecionada como pertencente à espécie *Klebsiella* utilizando a sequenciação do 16sRNA. Para tal, selecionámos dois primers 63F (5'CAGGCCTAACACATGCAAGTC-3') e 1387R (5'GGGCGGWGTGTGTACAAGGC-3') e amplificámos o ADN. Como esperado, obtivemos um produto de PCR com 1200 pb de comprimento. Como se sabe, na sequenciação do ADN, as sequências geradas, especialmente as finais, não são muito fiáveis devido à diminuição ou ao excesso de intensidade de fluorescência, a um modelo de ADN demasiado pequeno ou insuficiente, a um pico grande seguido de um pico pequeno, ou seja, a desistências de "G" (um G pequeno seguido de um pico grande de A), a troços homopoliméricos de A's e T's, à estrutura secundária ou a repetições invertidas do ADN (Mardis,2008, Shendure e Ji,2008). Assim, a sequência de 1200 pb obtida foi processada utilizando a ferramenta baseada na Web "DECIPHER" e as bases de baixa qualidade foram cortadas pelo DNA Baser versão 3.1 (Heracle biosoft SRL) (Wright, et al.,2012). Os resultados globais mostraram-nos que os 1125 pb (Tabela 6) têm 55,25% de GC & : 44,75%. Como o nosso teor de GC é inferior a 60 %, não esperávamos qualquer alargamento de banda na sequência. Após o processamento da informação, a sequência de 1125 pb foi comparada com a base de dados do NCBI com a interface web blastN e o conjunto de dados da sequência de RNA 16s. Os nossos resultados mostraram que a estirpe que decidimos trabalhar é a *Klebsiella oxytoca*. Uma vez identificada a bactéria, investigámos se já tinha sido feito algum trabalho sobre esta espécie. O nosso extenso trabalho deu origem a 8 artigos publicados em várias alturas. A presença e a expressão de fitase foram registadas nas bactérias *Klebsiella* sp (Shah e Parekh,1990), *Klebsiella aerogenes* (Tambe, et al.,1994), *Klebsiella*

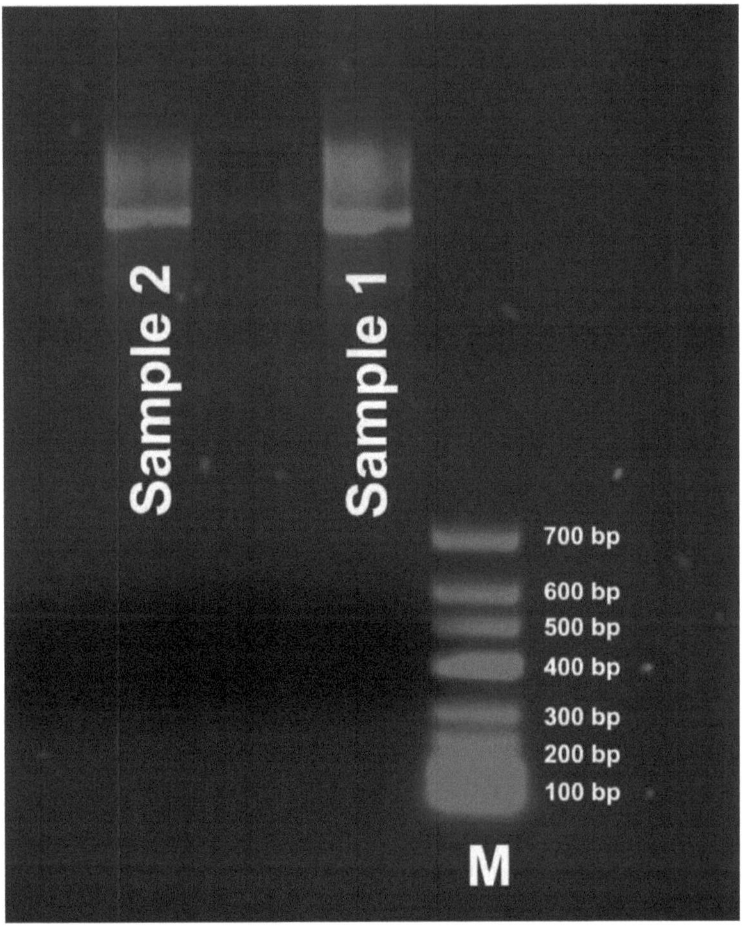

Figura 5. Amplificação por PCR de 16sRNA *oxytoca* MO-3 (Jareonkitmongkol, et al.,1997), *Klebsiella pneumonia* (Escobin-Mopera, Ohtani, Sekiguchi, Sone, Abe, Tanaka, Meevootisom e Asano,2012, Wang, et al.,2004), *Klebsiella terrigena* (Greiner e Carlsson,2006), *Klebsiella sp. ASR1* (Bohm, et al.,2010, Sajidan, et al.,2004). Quando analisámos a árvore filogenética de forma crítica, apesar de a nossa estirpe corresponder à espécie *Klebsiella oxytoca,* formou um clado separado e não se juntou a nenhum outro clado (Figura 4). Dada a formação deste clado separado, pensámos que a nossa estirpe poderia

Quadro 6: Identificação molecular das bactérias selecionadas por sequenciação do ARN 16s

Primer used	63F (5'CAGGCCTAACACATGCAAGTC-3') 1387R (5'GGGCGGWGTGTACAAGGC-3')
Number of bases read :	1200 bp
Bases left after removing inconsistent readouts	1125 (94%)
Nucleic acid content	GC: 55.25% AT: 44.75%
Sequence obtained	AGTCGAACGGTAGCACAGAGAGCTTGCTCTCGGGTGACGAGTGGCGGACGGGTGAGTAATGTCTGGGA AACTGCCTGATGGAGGGGGATAACTACTGGAAACGGTAGCTAATACCGCATAACGTCGCAAGACCAAA GAGGGGGACCTTCGGGCCTCTTGCCATCAGATGTGCCCAGATGGGATTAGCTAGTAGGTGGGGTAACGG CTCACCTAGGCGACGATCCCTAGCTGGTCTGAGAGGATGACCAGCCACACTGGAACTGAGACACGGTCC AGACTCCTACGGGAGGCAGCAGTGGGGAATATTGCACAATGGGCGCAAGCCTGATGCAGCCATGCCGC GTGTATGAAGAAGGCCTTCGGGTTGTAAAGTACTTTCAGCGGGGAGGAAGGTGTTGAGGTTAATAACCT CGTCAATTGACGTTACCCGCAGAAGAAGCACCGGCTAACTCCGTGCCAGCAGCCGCGGTAATACGGAG GGTGCAAGCGTTAATCGGAATTACTGGGCGTAAAGCGCACGCAGGCGGTCTGTCAAGTCGGATGTGAA ATCCCCGGGCTCAACCTGGGAACTGCATTCGAAACTGGCAGGCTGGAGTCTTGTAGAGGGGGGTAGAAT TCCAGGTGTAGCGGTGAAATGCGTAGAGATCTGGAGGAATACCGGTGGCGAAGGCGGCCCCCTGGACA AAGACTGACGCTCAGGTGCGAAAGCGTGGGGAGCAAACAGGATTAGATACCCTGGTAGTCCACGCTGT AAACGATGTCGACTTGGAGGTTGTTCCCTTGAGGAGTGGCTTCCGGAGCTAACGCGTTAAGTCGACCGC CTGGGGAGTACGGCCGCAAGGTTAAAACTCAAATGAATTGACGGGGGCCCGCACAAGCGGTGGAGCAT GTGGTTTAATTCGATGCAACGCGAAGAACCTTACCTACTCTTGACATCCAGAGAACTTAGCAGAGATGC TTTGGTGCCTTCGGGAACTCTGAGACAGGTGCTGCATGCTGTCGTCAGCTCGTGTTGTGAAATTGTTGGG TTAAGTCCCGCAACGAGCGCAACCCTTATCCTTTGTTGCCAGGCGATCAGCCCGGGAACTCAAGGAGAC TGCCAGTGATAACCTGGAAGAAGGTGGG

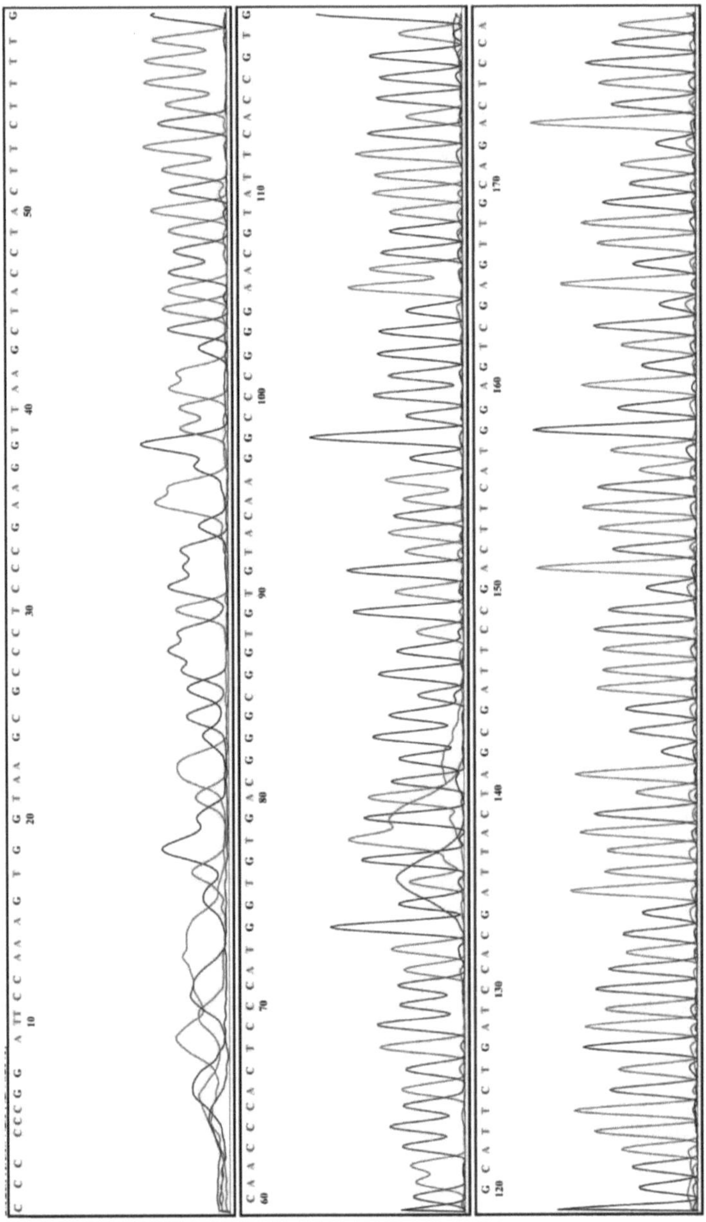

Figura 6. (Cont.) Cromatograma da sequenciação do ARN 16s

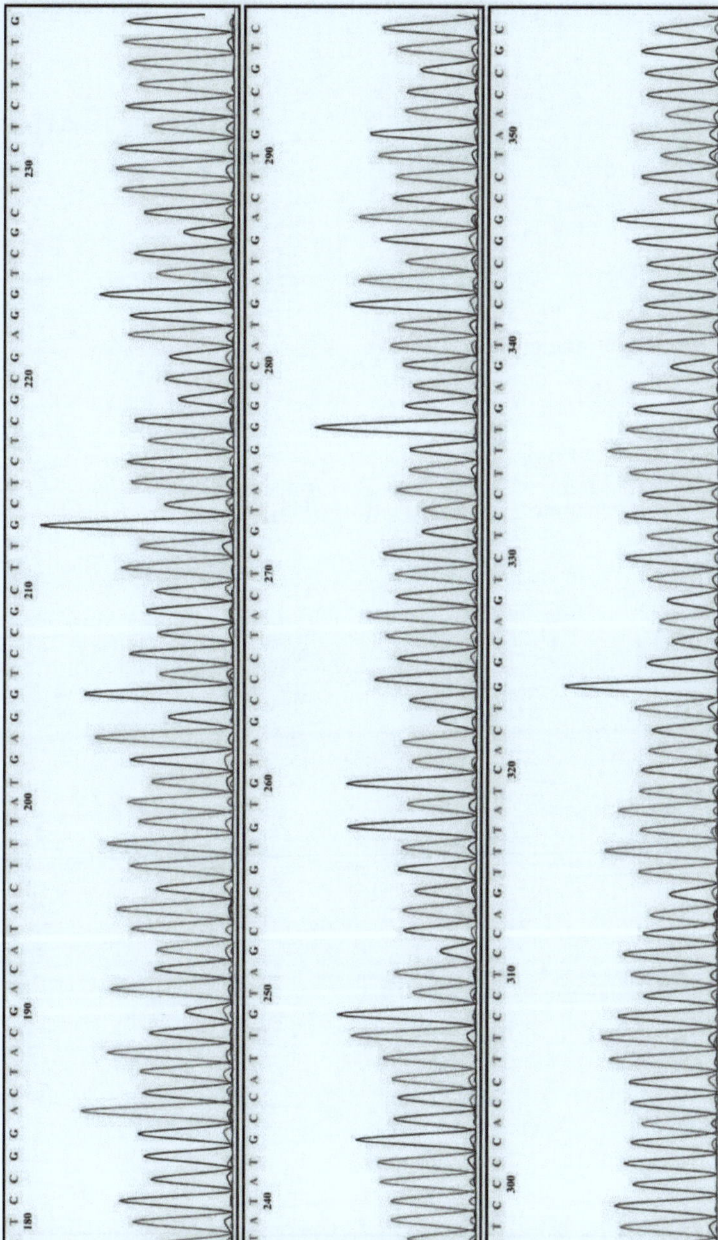

Figura 6. Cromatograma de sequenciação do RNA 16s.

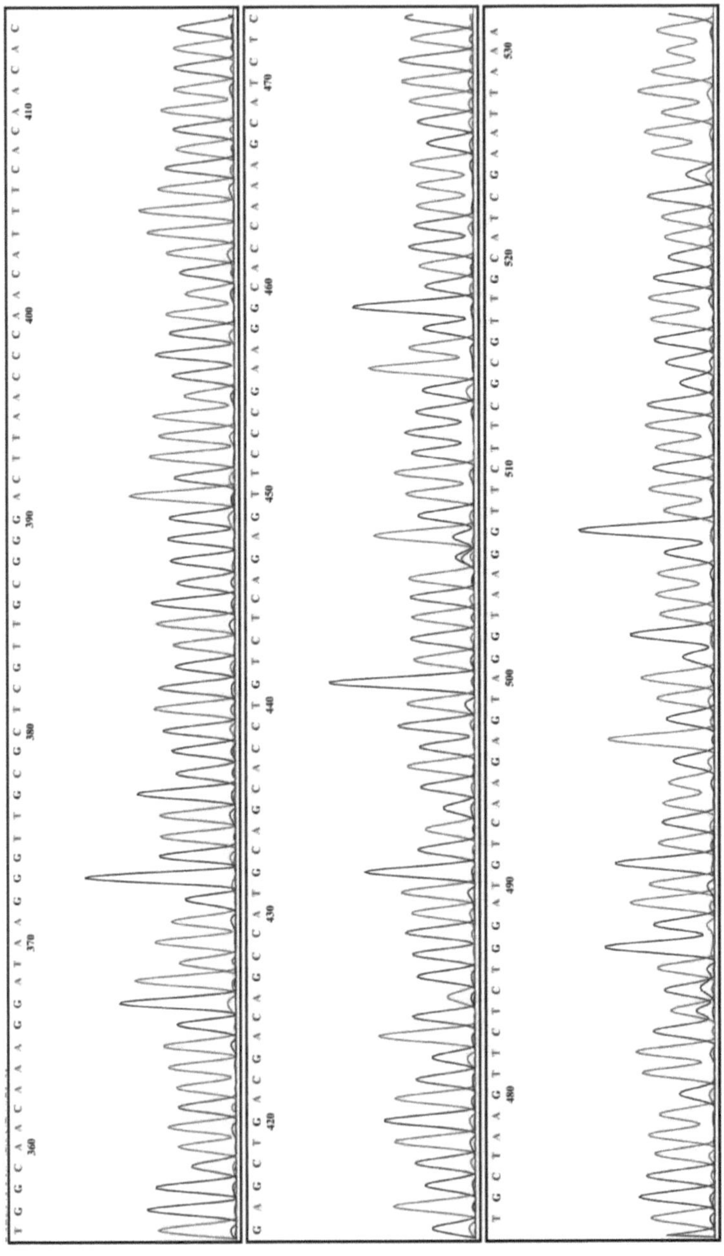

Figura 6. (Cont.) Cromatograma da sequenciação do ARN 16s

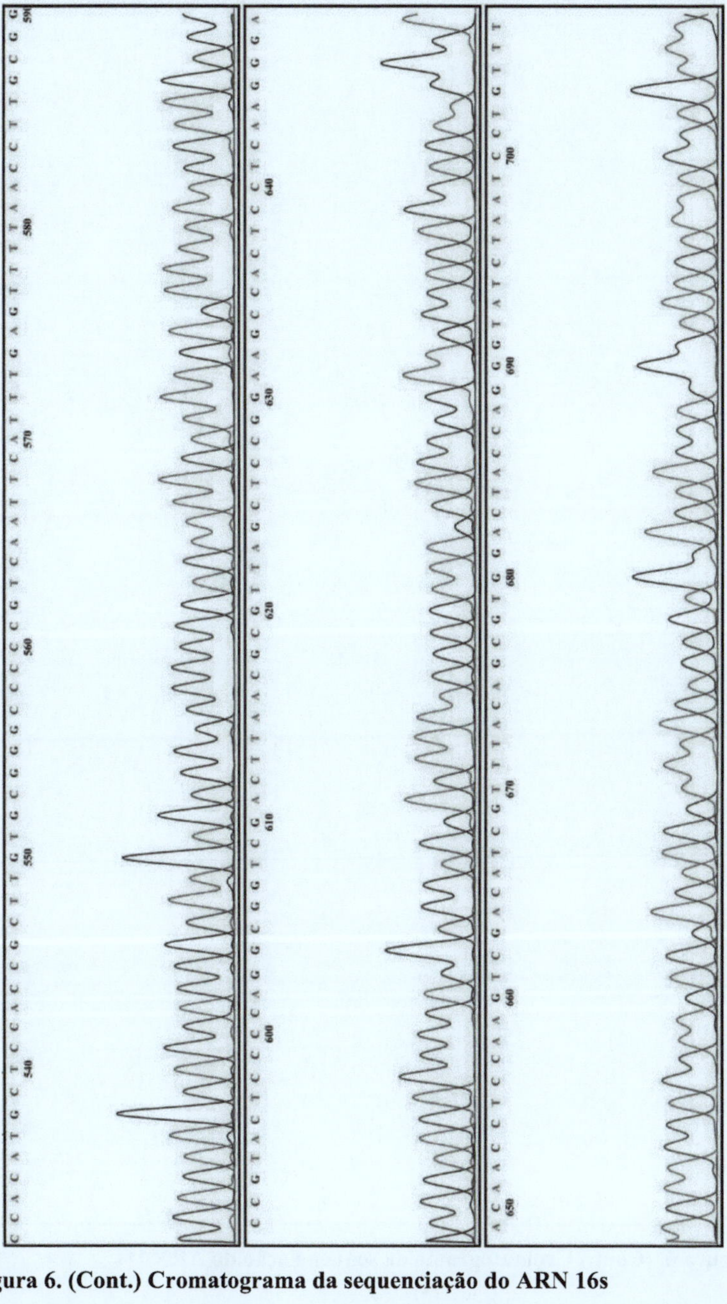

Figura 6. (Cont.) Cromatograma da sequenciação do ARN 16s

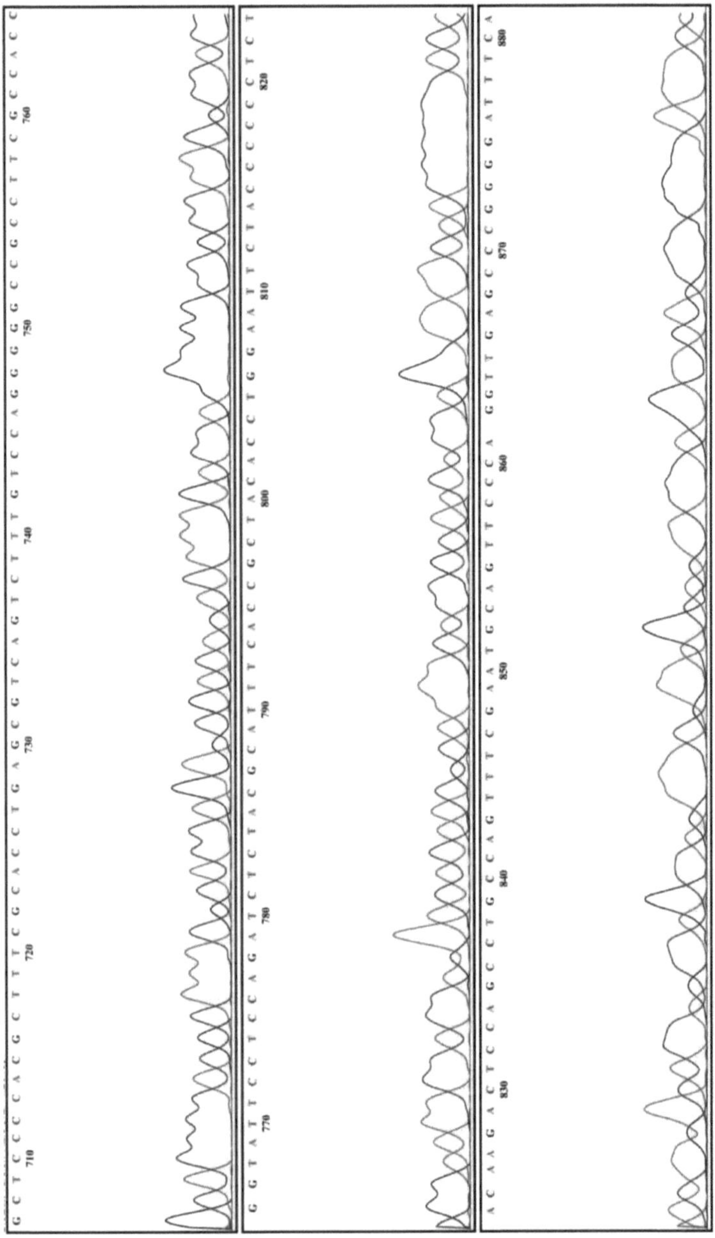

Figura 6. (Cont.) Cromatograma da sequenciação do ARN 16s

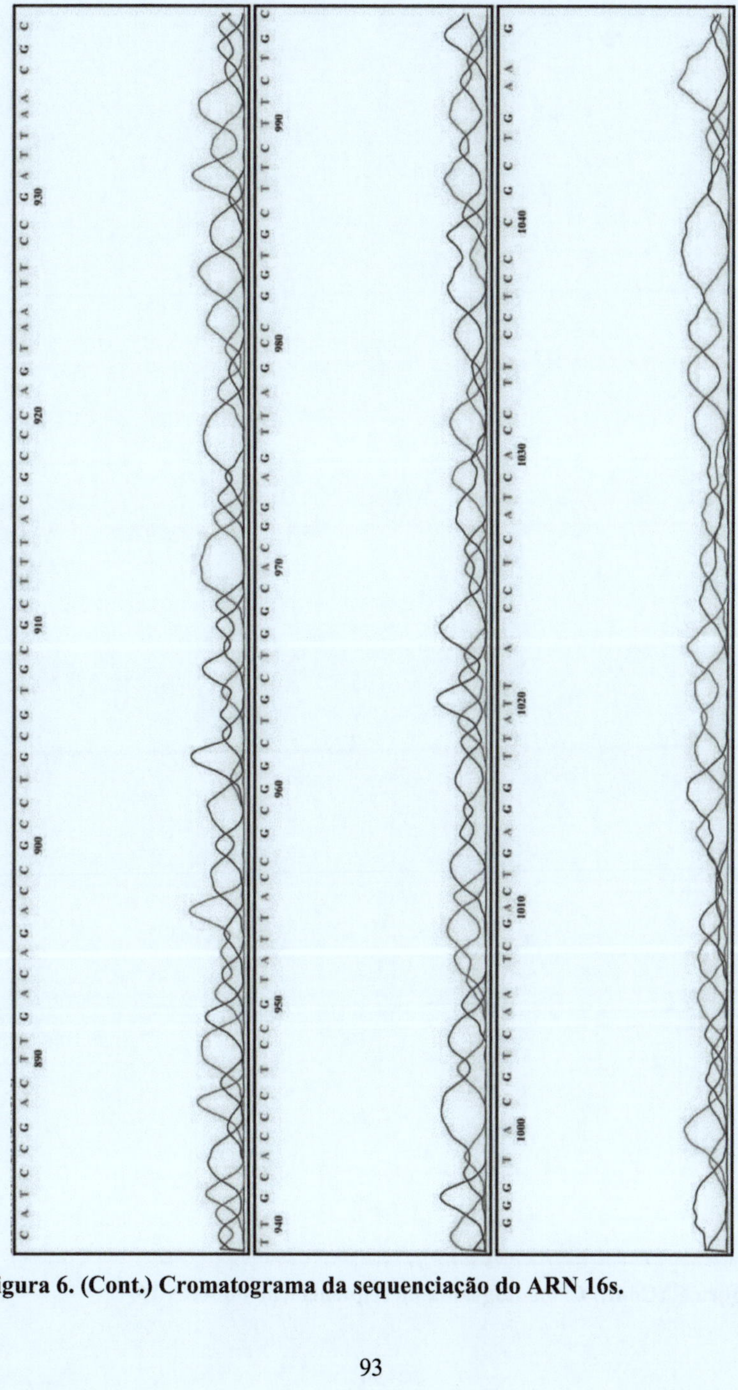

Figura 6. (Cont.) Cromatograma da sequenciação do ARN 16s.

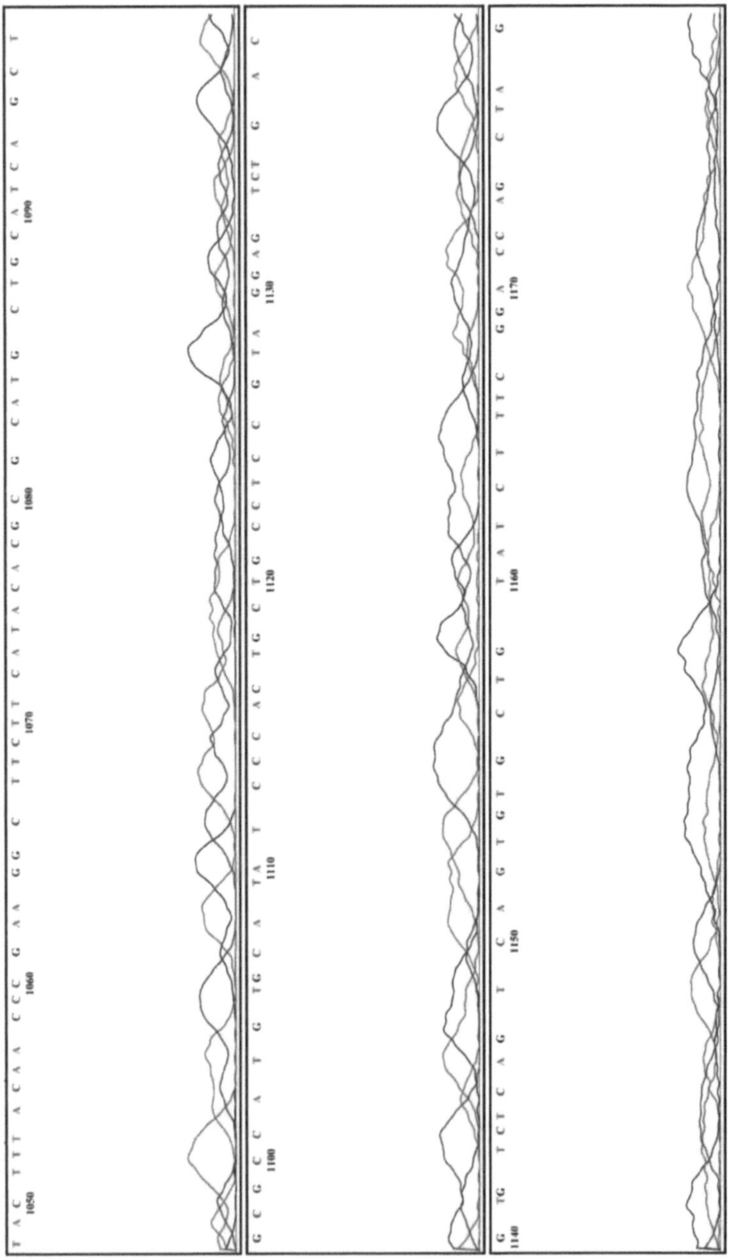

Figura 6. (Cont.) Cromatograma da sequenciação do ARN 16s

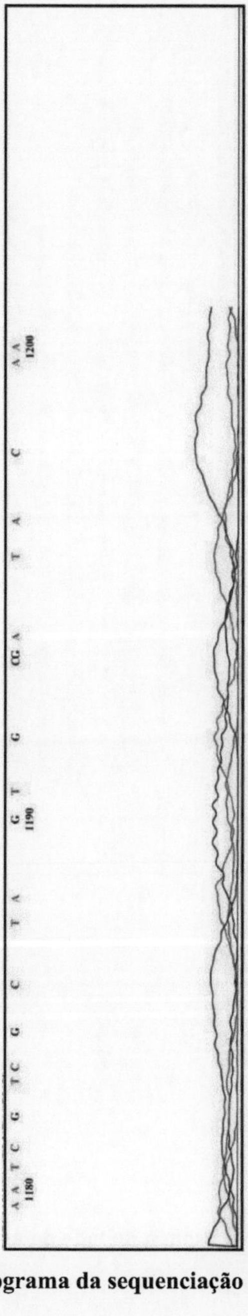

Figura 6. (Cont.) Cromatograma da sequenciação do ARN 16s.

Figura 7. Árvore filogenética com o método da árvore de vizinhança

ser de algum tipo de subespécie. Além disso, os relatórios acima referidos, relativos a espécies de Klebsiella, indicam que a bactéria foi obtida a partir de amostras de solo, enquanto que a nossa foi obtida a partir de resíduos de aves. É de recordar que, quando iniciámos o nosso trabalho, encontrámos apenas 3 relatórios e, além disso, existem 5 espécies diferentes de *Klebsiella*, pelo que decidimos prosseguir com a nossa estirpe.

Vários investigadores relataram o isolamento de organismos produtores de fitase a partir de amostras de solo recolhidas em unidades de criação de animais vivos, explorações avícolas e campos agrícolas (Mittal, et al.,2011, Singh, et al.,2012, Tungala, et al.,2013, Vats e Banerjee,2002). Duzentas espécies bacterianas com capacidade de produção de fitase foram selecionadas a partir de plantações de milho da Malásia por Shobirin (Hussin, et al.,2007). Por outro lado, Joseph e Paul (2007) isolaram 5 estirpes de Bacillus produtoras de fitase de um mangal marinho (Joseph e Paul, 2007). Lan et al. registaram cinco bactérias degradadoras de fitatos do rúmen de bovinos entre 125 isolados (Lan, Abdullah, Jalaludin e Ho,2002). Kusumadjaja obteve 33 isolados que produzem enzima fitase a partir de solo obtido da cratera (Kusumadjaja, Budiati, Puspaningsih e Sajidan,2009). Curiosamente, Huang registou várias estirpes bacterianas produtoras de fitase do glaciar da China (Huang, et al.,2006). Por outro lado, Yanke et al. (1998) analisaram 334 estirpes de bactérias ruminais anaeróbias e demonstraram que 22 espécies possuem atividade de fitase (Yanke, Bae, Selinger e Cheng,1998). Hosseinkhani et al., 2009 relataram que *Pseudomonas sp* isolada da cama de aves de capoeira tem uma capacidade de produção de fitase (Hosseinkhani, et al.,2009). Idriss et al. (2002) isolaram várias estirpes de *Bacillus* de solos infectados com agentes patogénicos de plantas que têm atividade de degradação de fitato e descobriram que a atividade de fitase destes organismos era importante para a estimulação do crescimento das plantas sob limitação de fosfato (Idriss, Makarewicz, Farouk, Rosner, Greiner, Bochow, Richter e Borriss, 2002). Olstorpe et al. (2009) pesquisaram 122 estirpes de 61 espécies de leveduras para a produção de fitase (Olstorpe, Schnurer e Passoth, 2009). Estes estudos mostram claramente que os micróbios produtores de fitase estão amplamente distribuídos em diversos ambientes. Embora existam muitos micróbios que produzem fitase, o principal problema que cria obstáculos é o sistema de deteção e a separação entre o produtor da enzima fosfatase ácida e o produtor da enzima fitase. Para identificar o produtor de fitase do produtor de fosfato, ao nível do rastreio, dispomos da técnica de contra-coloração, que não é 100% infalível. A melhor maneira de diferenciar o produtor de fitase do produtor de fosfatos é efetuar um ensaio enzimático bruto com ambos os substratos e comparar o rendimento obtido. Os métodos relativos à estimativa de fosfato estão bem estabelecidos e são amplamente utilizados em todo o mundo (Fiske e Subbarow,1925c). No entanto, estes métodos são desenvolvidos e investigados utilizando um substrato que contém fosfato, mas não ácido fítico.

4.1: Produção de fitase

A otimização do meio continua a ser um dos fenómenos mais bem investigados que se realiza antes de qualquer produção de metabolitos em grande escala e apresenta muitos desafios. Antes da década de 1970, a otimização dos meios era realizada através de métodos clássicos, que eram dispendiosos, demorados, com muitas experiências e menos rigorosos. No entanto, com o advento das modernas técnicas matemáticas/estatísticas, a otimização dos meios tornou-se mais vibrante, eficaz, eficiente, económica e robusta na obtenção de resultados. Para conceber um meio de produção, devem ser identificadas as condições de fermentação mais adequadas (pH, temperatura, velocidade de agitação, etc.) e os componentes adequados do meio. Além disso, ao otimizar os parâmetros acima referidos, é possível obter a concentração máxima de produto. A representação esquemática de uma abordagem sistemática da conceção de um meio de fermentação é apresentada em

Um aumento da produtividade reduz o custo global do produto, bem como o custo de produção; por conseguinte, é um dos factores importantes para a investigação. Normalmente, o aumento da produtividade pode ser conseguido quer através da melhoria da tensão quer através da otimização dos parâmetros do processo. Mas o melhoramento e a otimização da estirpe são situações "Catch-22", ou seja, não se pode escolher a melhor estirpe enquanto não se tiver o melhor meio e não se pode conceber o melhor meio enquanto não se tiver a melhor estirpe. Normalmente, os investigadores de todo o mundo resolvem esta situação, concentrando-se num componente de cada vez. No entanto, ambas as estratégias não podem garantir que uma das estirpes com fraco desempenho, descartada, não ultrapasse a melhor estirpe escolhida se for utilizado um meio diferente. Com este inconveniente e esta situação de "Catch-22", foram concebidos e investigados vários métodos novos, em que a conceção do meio e o melhoramento da estirpe podem ser efectuados simultaneamente.

Os produtos fermentados que são utilizados no nosso quotidiano são basicamente metabolitos primários ou secundários produzidos durante a trofofase e a idiofase do crescimento microbiano, respetivamente (Pelczar Jr, et al.,1993). A produção de metabolitos específicos em títulos elevados pode ser possível através do controlo e regulação adequados a diferentes níveis através do transporte e metabolismo de nutrientes extracelulares, formação de precursores e acumulação de intermediários (Rokem, et al.,2007). Na fermentação em que o precursor dos produtos específicos não é adicionado ao meio, a fonte de azoto presente no meio durante o seu metabolismo pode iniciar a biossíntese de precursores que regulam o metabolismo e influenciam a síntese do produto final (Elibol, 2004). Por conseguinte, o tipo de nutrientes e as suas concentrações óptimas podem desempenhar um papel importante no início da produção de metabolitos primários e secundários, uma vez que o fornecimento limitado de um nutriente essencial pode restringir o crescimento de células microbianas ou a formação de produtos.

Geralmente, a fonte de azoto presente no meio actua como um fator limitante para a produção de metabolitos. A seleção da fonte de azoto e a sua concentração no meio desempenham um papel crucial na produção de metabolitos. Os microrganismos podem utilizar fontes inorgânicas ou orgânicas de azoto. A utilização de aminoácidos específicos pode aumentar a produtividade em alguns casos e, inversamente, aminoácidos inadequados podem inibir a síntese de metabolitos secundários (Marwick, et al.,1999). No entanto, pode confirmar-se que as moléculas de azoto têm um efeito inibidor sobre a produção de metabolitos; em alguns casos, foram também observados efeitos potenciadores. Tendo em conta esta informação, começámos por testar qual a fonte de azoto, ou seja, peptona, triptona e extrato de levedura, que poderia aumentar a produção de enzimas. Quando a peptona foi utilizada como fonte de azoto, a produção de enzimas foi de 0,37 U/ml e a biomassa de 1,5g/l. Mas com a triptona, a produção foi de 0,15 U/ml e a biomassa foi de 2,5g/l. Curiosamente, verificámos que, com o extrato de levedura, foi obtida a maior quantidade de biomassa, ou seja, 5,8 g/l, sem qualquer atividade enzimática.

Em suma, observámos que a peptona aumentou a produção de enzimas e produziu uma biomassa inferior à da triptona e do extrato de levedura. Tanto a triptona como o extrato de levedura produziram maior quantidade de biomassa, mas menor quantidade de enzimas. Não existem provas claras que indiquem a razão pela qual algumas estirpes preferem determinados tipos de fontes de azoto e outras preferem um tipo diferente. Como o nosso é o primeiro estudo com fitase e *Klebsiella*, não temos uma resposta clara sobre a razão pela qual *a Klebsiella oxytoca* prefere a peptona ao extrato de levedura ou à triptona. No entanto, com base na composição das fontes de azoto, é tentador especular que as vitaminas, as hormonas, as gorduras e os oligoelementos, para além dos aminoácidos presentes na peptona, podem ter aumentado o rendimento. A triptona, por outro lado, fornece apenas os aminoácidos necessários para a formação da enzima. Sabe-se que o extrato de levedura é basicamente rico em proteínas e que a *Klebsiella oxytoca* precisa de produzir as enzimas para clivar estas moléculas, o que sobrecarrega toda a maquinaria.

Os nossos resultados são consistentes com os resultados obtidos com

Pseudomonas fluorescens (Tungala, Narayanan e Muthuraman,2013), *Hypocrea lixii* SURT01 (Thyagarajan, et al.,2014), *Pichia anomala* (Vohra e Satyanarayana,2001b, Vohra e Satyanarayana,2002 -b) e outras bactérias (Priyadarshini, et al.,2012). É interessante observar que nem todas as espécies seguem esta regra, *Bacillus subtilis* (Demirkan, Baygin e Usta,2014) e isolados fúngicos mostraram uma produção melhorada em meio de extrato de levedura (Awad, et al.,2014).

4.2: Influência dos iões metálicos na produção de enzimas

Está bem estabelecido no domínio que as variações nos componentes de um meio de cultura desempenham um papel muito importante na influência do crescimento das células microbianas e, por conseguinte, na produção de enzimas. Para além dos componentes do meio, os iões metálicos presentes no meio de cultura afectam grandemente a atividade metabólica da célula microbiana e, por conseguinte, a produção de enzimas. Esta influência deve-se à capacidade dos iões metálicos de actuarem como co-factores em várias reacções enzimáticas. Por conseguinte, a quantidade de uma determinada enzima expressa por um microrganismo específico depende diretamente dos iões metálicos presentes no meio de cultura. Por conseguinte, o efeito de alguns iões divalentes foi considerado para o estudo. Os nossos resultados (Quadro 7) demonstraram claramente que o KCl, o MgSo4 e o Nacl não têm qualquer efeito na produção da enzima fitase, ao passo que o CuCl2 e o ZnSo4 a suprimem parcialmente. Inesperadamente, observámos que o NH4(NO2)3 aumenta a produção da enzima.

Existem muito poucos relatórios sobre a influência dos iões metálicos na produção da enzima fitase. Em *Saccharomyces castellii*, a produção da enzima foi ligeiramente inibida pela presença de Ca^{2+} , Mg^{2+} ,Mn^{2+} e Fe^{2+} (Segueilha, et al.,1992). Os catiões Zn2+ e Cu2+ causaram inibição da produção de enzimas em *Bacillus subtilis* (Kerovuo, et al.,1998). Curiosamente, os nossos resultados relativos à fonte de azoto não coincidiram com os de *Bacillus subtilis*, mas no caso do metal, os nossos resultados coincidiram.

Tabela 6: Efeito de diferentes metais na produção de fitase extracelular e na biomassa. O ensaio de fitase foi efectuado após a incubação da cultura durante 3 dias. Aqui são apresentados os valores médios de 6 experiências independentes e o valor é colocado a zero no ponto mais próximo. Os valores SD para os biomas variaram de + 0,95 a 0,04.

			Effect on the Enzyme production (E; U/ml) and Biomass (B; g/L)													
Strain name	Control		$NH_4(NO_2)_3$		$CoCl_2$		KCl		Nacl		$CuCl_2$		MgSo4		ZnSo4	
	E	**B**	**E**	**B**	**E**	**B**	**E**	**B**	**E**	**B**	**E**	**B**	**E**	**B**	**E**	**B**
Pseudomonas sp.	0.02	2.9	0.18	1.5	0.00	0.00	0.02	2.9	0.02	2.9	0.00	2.9	0.02	2.9	0.05	2.7
Bacillus sp.	0.18	2.7	0.37	1.9	0.00	0.00	0.18	2.7	0.18	2.7	0.16	2.7	0.18	2.7	0.28	2.3
Bacillus sp.	0.19	2.5	0.25	1.6	0.00	0.00	0.19	2.5	0.19	2.5	0.14	2.5	0.19	2.5	0.19	2.4
Streptococcus sp.	0.18	3.2	0.32	1.8	0.00	0.00	0.18	3.2	0.18	3.2	0.15	3.2	0.18	3.2	0.21	3.0
Staphylococcus sp.	0.37	1.2	1.45	0.5	0.00	0.00	0.37	1.2	0.37	1.2	0.29	1.2	0.37	1.2	0.39	1.0
Lactobacillus sp.	0.00	4.2	0.00	1.9	0.00	0.00	0.00	4.2	0.00	4.2	0.00	4.2	0.00	4.2	0.00	4.0
Serratia sp.	0.19	2.3	0.25	2.0	0.00	0.00	0.19	2.3	0.19	2.3	0.15	2.3	0.19	2.3	0.29	2.2
Klebsiella sp.	0.17	2.1	0.35	1.5	0.00	0.00	0.17	2.1	0.17	2.1	0.18	2.1	0.17	2.1	0.21	1.8
Pseudomonas sp.	0.11	1.9	0.28	1.7	0.00	0.00	0.11	1.9	0.11	1.9	0.05	1.9	0.11	1.9	0.18	1.7
Pseudomonas sp.	0.19	2.9	0.26	2.1	0.00	0.00	0.19	2.9	0.19	2.9	0.14	2.9	0.19	2.9	0.29	2.4

4.3: Identificação da estirpe.

Tradicionalmente, a identificação das estirpes era efectuada através de testes bioquímicos. No entanto, estes testes eram demorados e implicavam custos. Além disso, na maioria das vezes, as estirpes eram identificadas erradamente ou não até ao nível da espécie. Para resolver este problema, foram inventados vários métodos, um dos quais é a identificação molecular, que se baseia na sequenciação do 16sRNA e na análise dos ácidos gordos. Para identificar a nossa estirpe ao nível da espécie, se possível ao nível do subtipo, utilizámos a análise da sequenciação do RNA 16s. Na nossa análise, começámos por amplificar o nosso RNA 16s utilizando os primers específicos para o RNA 16s 63F (5'CAGGCCTAACACATGCAAGTC-3') e 1387R (5'GGGCGGWGTGTGTACAAGGC-3'). O produto foi primeiro corrido no gel para confirmar a amplificação do gene. Observámos que o nosso gene amplificado tinha mais de 1000 pb de comprimento 90 (Figura 5). O gene amplificado foi então eluído do gel utilizando um kit (sigma gel elution kit, EUA) e o amplicon foi enviado para a sequenciação do ADN. Como esperado, observámos um amplicon de tamanho 1200 pb, no entanto, depois de remover as leituras inconsistentes e as sequências de contig nos primers, observámos que a leitura real é de 1125 pb (94% da leitura total), tem 99% de consistência e pode ser utilizada para a análise filogenética com muita precisão (Tabela 7). Comparámos a leitura obtida com a base de dados de ARN 16s e verificámos que o produto de amplificação correspondia à *Klebsiella oxytoca*. Estava ligado ao clado do ramo da *Klebsiella oxytoca*, mas também formava um ramo separado no próprio clado. Isto indicava que havia duas possibilidades: ou o micróbio pertencia a um novo subconjunto ou era necessário um conjunto adicional de primers para a análise. Apesar de termos explorado a possibilidade de identificar a subestirpe através da análise de ácidos gordos (FAA), observámos que os resultados variavam de lote para lote. Por conseguinte, abstivemo-nos de prosseguir o estudo nesta linha e confirmámos que a nossa estirpe é *Klebsiella oxytoca*.

4.4: Comparação de diferentes métodos de estimativa de fosfato na presença de fitase.

Normalmente, a atividade da fitase é estimada medindo a quantidade de complexo fosfo-molibdato formado pelo fosfato libertado de uma quantidade conhecida de ácido fítico. Estranhamente, *Irving* e *Cosgrove* demonstraram que o ácido fítico interfere no ensaio do fosfato ao desestabilizar o complexo e que esta interação depende da quantidade de fosfato e de ácido fítico na mistura do ensaio (Irving e Cosgrove,1970, Irving e Cosgrove,1981). No entanto, alguns investigadores estimaram o complexo fosfo-molibdato diretamente na presença de ácido fítico com pequenas modificações (Engelen, et al.,1994, Engelen, van der Heeft, Randsdorp, Somers, Schaefer e van der Vat,2001, Vohra e Satyanarayana,2002 - a) e outros estimaram após a extração do fosfato da amostra de ensaio (Cooper e Gowing,1983). A revisão da literatura mostra que, apesar de terem sido adoptados diferentes métodos para estimar a fitase (Duane e David,2005, Eibl e Lands,1969 , Heinonen e Lahti,1981 , Wyss, Pasamontes, Friedlein, Remy, Tessier, Kronenberger, Middendorf, Lehmann, Schnoebelen, Rothlisberger, Kusznir, Wahl, Muller, Lahm, Vogel e van Loon,1999), nenhum destes métodos foi testado quanto à sua eficiência e sensibilidade na presença de ácido fítico no meio. Além disso, sabe-se muito pouco sobre a cinética da estabilidade do produto e sobre a quantidade mínima de substrato e de produto necessária para obter um resultado falso positivo. Além disso, para comparar a eficiência da preparação da enzima em diferentes lotes de produção e a aplicação da fitase na indústria dos alimentos para animais, tem de ser adotado um método fiável, seguro, robusto e fácil. Tendo em conta estes critérios, estabelecemos como objetivo do presente trabalho identificar um método simples de estimativa de fosfato, que seja rápido, sensível, reprodutível em diferentes dias e aplicável a um grande número de amostras na presença de ácido fítico. Embora existam muitos métodos para a estimativa de fosfatos, alguns métodos não são práticos (Blatny, et al.,1994, Duane e David,2005, Hatzack e Rasmussen,1999, Lehrfeld,1989), especialmente quando é necessário analisar um grande número de amostras e, em alguns casos, a estabilidade dos reagentes é a principal preocupação (Cooper e Gowing,1983, Wyss, Pasamontes, Friedlein, Remy, Tessier, Kronenberger, Middendorf, Lehmann, Schnoebelen, Rothlisberger, Kusznir, Wahl, Muller, Lahm, Vogel e van Loon,1999) ou a necessidade de equipamento dispendioso, por exemplo, HPLC, com competências técnicas de alto nível. Por conseguinte, comparámos três métodos de estimativa de fosfato amplamente utilizados (AOAC, Cooper-Gowing e Fiske-Subbarow) para utilização na estimativa de fitase como método padrão.

A maior parte das determinações espectrofotométricas de fosfato publicadas são basicamente modificações do método original de Bell e Doisy (Richard e Edward,1920) e envolvem a medição de um complexo de fosfomolibdato e a sua subsequente redução para produzir um "hetero-poli azul". Embora existam dezenas de métodos disponíveis na literatura para medir o fosfato, selecionámos três protocolos de estimativa de fosfato amplamente divulgados, que são utilizados como indicação da atividade da fitase na literatura (AOAC, Cooper & Gowing e Fiske & subbarow), e decidimos utilizar a sensibilidade, a interferência do ácido fítico, a conveniência e o custo global como parâmetros mais importantes na avaliação dos métodos de ensaio.

O método de Fiske-Subbarow envolve basicamente a medição do complexo fosfomolibdato formado pela interação de fosfato e molibdato de amónio na presença de ácido sulfúrico (Fiske e Subbarow,1925b). Foi originalmente desenvolvido para estimar o fosfato inorgânico e orgânico em diferentes tipos de amostras biológicas, tais como sangue, urina, etc., e ainda hoje é amplamente utilizado com resultados reprodutíveis e fiáveis em todo o mundo por bioquímicos, patologistas e químicos analíticos. No entanto, a nossa observação (Figura 8a, e) mostra que, na ausência de factores de interferência, o fosfato presente numa concentração inferior (0,2 - 1 μM) ou superior (2 - 10 μM) pode ser estimado sem qualquer problema (Figura 8 a, e). No entanto, na presença de ácido fítico, o complexo formado não se deve apenas ao fosfato, mas também ao fitato. Os nossos resultados mostram que o fitato (Figura 8 d, h) ($P = <0,001$) pode também

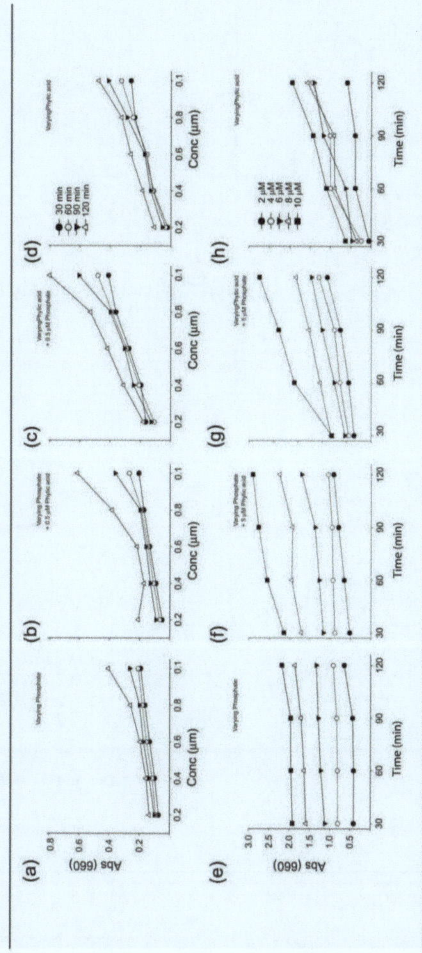

Figura 8: Estimativa de fosfato por Fiske & Subbarow na ausência ou presença de ácido fítico. Painel superior (0,2 -1 µM) ou painel inferior (2 - 10 µM) de fosfato (a, e) ou ácido fítico (d, h) isoladamente ou em combinação de ambos em concentração variável de um componente e concentração fixa do outro (b, c, f, g), foi incubado com os reagentes durante 2 horas e as leituras foram efectuadas a 660nm. Os valores médios (n=3) e quaisquer valores de P abaixo (P = <0,001) são assumidos como variações experimentais e não foram retiradas conclusões dessas experiências.

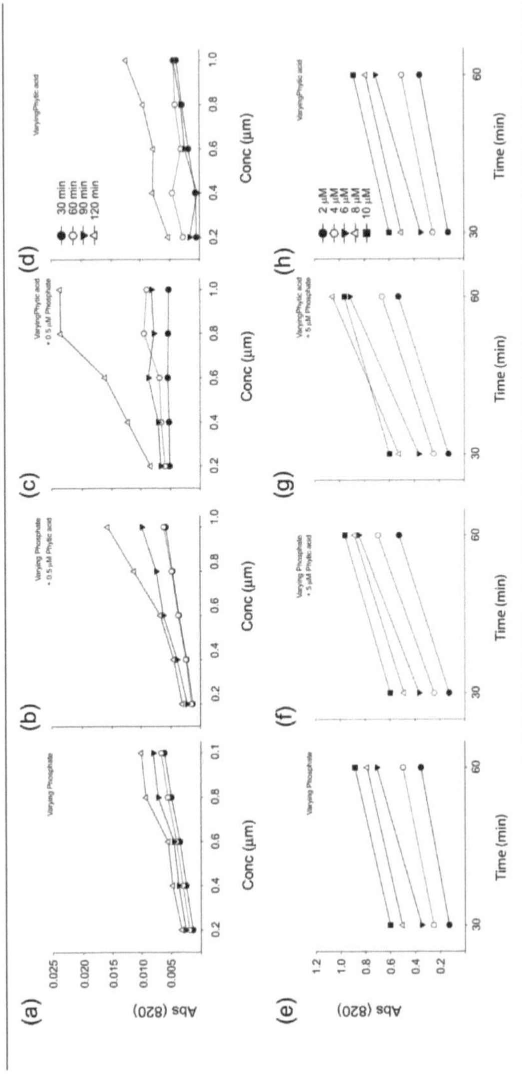

Figura 9: Método de Cooper & Gowing de estimativa de fosfato, 0,1-1 µM (painel superior) ou 1-10 µM (painel inferior) de fosfato (a, e) ou ácido fítico (d, h) isoladamente ou combinação de ambos em concentração variável de um componente e concentração fixa do outro (b, c, f, g), foi incubado com os reagentes durante 30, 60, 90, 120 min seguido de medição da absorvância a 820nm. Os valores médios (n=3) e quaisquer valores de P abaixo (P = <0,001) são assumidos como variações experimentais e não foram retiradas conclusões dessas experiências.

influenciam o complexo fosfomolibdato formado, conduzindo a valores elevados mesmo a concentrações muito baixas (0,8 μM) de fosfato (Figura 8 b). Curiosamente, o complexo formado é diretamente proporcional à concentração, dando assim uma equação linear que é estável durante um período de 60 minutos (Figura 8 c, d). Como a interação entre o fosfato e o ácido fítico varia com a concentração de ambos os componentes, a subtração do branco do reagente nos ensaios enzimáticos conduzirá a resultados errados (Cooper e Gowing,1983). Um ponto digno de nota, quando o método foi efectuado na presença de uma concentração fixa de ácido fítico e de uma concentração variável de fosfato (Figura 8 b), parece não haver influência do ácido fítico no ensaio, provavelmente devido à representação igual do ácido fítico em todas as amostras. No entanto, o estudo da cinética temporal (Figura 8f, g) a uma concentração mais elevada de reagentes mostra que a formação do complexo prosseguiu até 2 horas, o tempo limite estabelecido para a leitura final na nossa experiência (Figura 8 b, painel central); este fenómeno também foi evidente a uma concentração mais baixa de 0,8 mM de fosfato e 0,5 mM de fitato (Figura 8b). A fim de confirmar a influência do ácido fítico no ensaio, na ausência de fosfato, testámos a capacidade do fitato para gerar um complexo fitato-molibdato, tanto a alta como a baixa concentração (Figura 8 d, h). Foi demonstrado que o ácido fítico pode sofrer hidrólise ácida para libertar os fosfatos (Lehrfeld,1989, Miyamoto, et al.,2000), que poderiam então interagir com os reagentes para gerar um sinal positivo. Provavelmente por esta razão, os nossos resultados não são muito claros e conclusivos a uma concentração mais elevada. Para além de nós, vários investigadores referiram anteriormente que o método de Fiske-Subbarow não faz qualquer diferença no ortofosfato ($PO3^{-}$) e no pirofosfato ($PO4^-$) (van der Heiden e Desplanque,1971). Por conseguinte, prevemos que o aumento da formação de complexos se deve provavelmente à hidrólise de fosfatos orgânicos lábeis no ácido fítico. Para além do ácido fítico, a presença de bases orgânicas e detergentes como o trition x-100, SDS, etc., pode também dar resultados falsos positivos, devido à formação de um precipitado turvo com fosfomolibdato (Heinonen e Lahti,1981). Tendo em conta os factos acima referidos e com base nos nossos resultados, somos de opinião que o método de Fiske-Subbarow não é totalmente fiável para as estimativas de fitase, especialmente quando são utilizadas extracções de enzimas brutas ou filtrados de culturas como fonte de enzimas. Uma vez que os produtos de degradação endógenos do ADN e outros fosfatos de bactérias mortas ou componentes de culturas podem sofrer hidrólise em condições ácidas e exagerar as leituras. Para além do acima exposto, a instabilidade do reagente e a necessidade de três reagentes diferentes para o desenvolvimento da cor complicam o método de ensaio, especialmente quando é necessário analisar um grande número de amostras.

A fim de ultrapassar os problemas associados ao método de Fiske-Subbarow, Cooper-Gowing descreveu um método sensível de estimativa de fosfato, no qual o complexo fósforo-molibdato formado é extraído para a fase orgânica de n-butanol/heptano (3/2) e depois reduzido para formar um complexo de cor azul (Cooper e Gowing,1983). Embora este processo seja descrito exclusivamente para a estimativa de fosfato na presença de ácido fítico (Cooper e Gowing,1983), os nossos resultados sugerem que a interação sinérgica entre o fosfato e o ácido fítico é cinética e dependente da concentração (Figura 9 e, h). Em concentrações superiores a 2 µM de ácido fítico, o desenvolvimento da cor é detetável em 60 minutos (Figura 9 f, h), ao passo que, em concentrações inferiores, são necessários cerca de 120 minutos para a deteção (Figura 9 b, d). Os estudos de cinética temporal revelam que o desenvolvimento da cor neste método durante a primeira hora se deve ao fosfato (figura 9c), ao passo que durante as horas seguintes o desenvolvimento da cor se deve inteiramente à libertação inespecífica e não enzimática de fosfato ou do ácido fítico ou à interação com o complexo de molibdato (figura 9 c, g). Foi sugerido por *Bartlett* que o aquecimento não deveria ser aplicado na estimativa de fosfato, especialmente na presença de ésteres de fosfato, uma vez que estes sofrem hidrólise nestas condições (Bartlett,1959a, b), mas o aquecimento da amostra a 100°C é necessário para aumentar a sensibilidade em 7,5 vezes nos métodos de Cooper-Gowing. Provavelmente devido a esta razão, *Cooper* e *Gowing* sugeriram que a leitura fosse efectuada antes do início da segunda hora, de preferência após 20 minutos de incubação a 100°C (Cooper e Gowing,1983). Apesar de se utilizarem pequenos volumes de reagentes com maior sensibilidade, este processo é trabalhoso e envolve extração e re-extração, o que leva a uma perda considerável de amostras preciosas, para além de reduzir o tempo disponível para estimar o grande número de amostras. Foi demonstrado que agentes redutores fortes, como o ácido ascórbico, a uma concentração superior a 1 mM, podem reduzir lentamente a cor amarela do complexo de molibdato para azul de molibdénio (Heinonen e Lahti,1981). Assim, o complexo fica retido na camada orgânica, dando origem a resultados falsos negativos. Além disso, os estudos de estabilidade da solução de reserva (dados não mostrados) revelaram que os resultados são melhores quando o ácido ascórbico e a mistura orgânica são feitos frescos. Por último, consideramos que este método pode ser aplicado sem grandes problemas a amostras relativamente pequenas, mas é necessário ter mais cuidado quando é necessário analisar um grande número de amostras.

Investigadores anteriores relataram que o fosfato pode ser detectado com consistência pelo método AOAC (Engelen, van der Heeft, Randsdorp, Somers, Schaefer e van der Vat,2001, Gizzi, et al.,2008) tanto em concentrações baixas como altas. Curiosamente, o complexo fosfato-molibdato formado a uma concentração mais baixa e a uma concentração mais elevada é bastante estável durante 2 horas (Figura 10 a, d) (P = 0,477). O complexo fosfato-molibdato é formado apenas devido ao fosfato inorgânico, tanto em concentrações mais baixas como mais elevadas (Figura 10 b, c, e, f). No caso do ácido fítico, não foi obtido qualquer sinal detetável, tanto a baixa como a alta concentração. Curiosamente, as nossas experiências mostraram que o ácido fítico, em vez de desestabilizar o complexo fosfomolibdato, aumenta a estabilidade (Figura 10 e). Os resultados do ensaio com uma concentração fixa de fosfato e uma concentração variável de ácido fítico mostraram leituras semelhantes em todos os momentos e concentrações, indicando que o fosfato é o principal responsável pelo desenvolvimento da cor (Figura 10 c, f). O método AOAC é considerado fiável para os valores

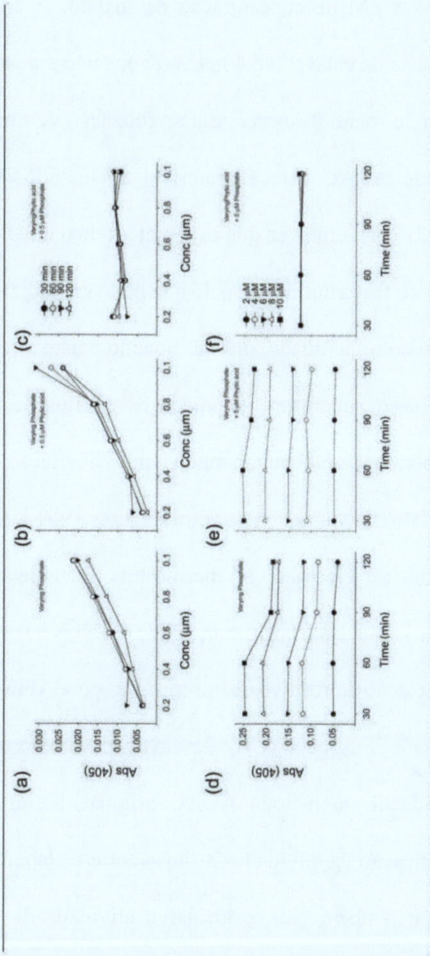

Figura 10: Método AOAC de estimativa de fosfato, 0,1-1 µM (painel superior) ou 1-10 µM (painel inferior) de fosfato (a, e) ou ácido fítico (d, h) isoladamente ou combinação de ambos em concentração variável de um componente e concentração fixa do outro (b, c, f, g), foi incubado com os reagentes durante 30, 60, 90, 120 min seguido de medição da absorvância a 405 nm. Os valores médios (n=6) e quaisquer valores de P abaixo (P = <0,001) são assumidos como variações experimentais e não foram retiradas conclusões dessas experiências.

variando de 0,2 - 8 μM de concentração de fosfato. A cor desenvolvida no método AOAC é bastante estável até 4 horas (dados não apresentados) e bastante reprodutível, tornando assim desnecessária a realização de uma curva padrão de cada vez. O método AOAC parece preferível ao método de Cooper-Gowing (Cooper e Gowing, 1983), uma vez que este método não envolve a extração e re-extração do complexo fosfomolibdato, pelo que pode ser utilizado para analisar as amostras de fosfato com facilidade, mesmo quando existe um grande número de amostras. *Eibl* e *Lands* sugeriram que todos os ensaios de fosfato devem ser efectuados à temperatura ambiente para evitar a libertação não enzimática e inespecífica de fosfato das várias fontes (Eibl e Lands,1969). Curiosamente, todo o ensaio AOAC pode ser efectuado no mesmo tubo à temperatura ambiente e as soluções de reserva são fáceis de preparar, sendo estáveis à temperatura ambiente até 30 dias. A Associação de Aditivos e Pré-misturas para Alimentos para Animais (FEFANA) da União Europeia (UE) desenvolveu recentemente uma versão ligeiramente modificada do método AOAC original, a fim de harmonizar os métodos de quantificação da atividade da fitase entre os laboratórios oficiais dos Estados-Membros e também para controlar a atividade da fitase presente na amostra de alimentos para animais, independentemente da origem da fitase (Gizzi, Thyregod, von Holst, Bertin, Vogel, Faurschou- Isaksen, Betz, Murphy e Andersen, 2008). Tal como observámos, também sugeriram a utilização de uma curva padrão de fosfato para o ensaio da fitase, eliminando assim a necessidade de disponibilidade de um produto específico de fitase. O método recentemente modificado está atualmente autorizado para a determinação da atividade de vários produtos de fitase (E1600, E1614, E1640) na UE (Gizzi, Thyregod, von Holst,

Bertin, Vogel, Faurschou-Isaksen, Betz, Murphy e Andersen, 2008).

A comparação dos três métodos revela que, em condições isoladas de fosfato a uma concentração mais baixa, não há grande diferença entre os métodos seguidos para a estimativa da atividade da fitase, uma vez que todos os métodos apresentaram equações lineares igualmente semelhantes com valores previsíveis consistentes (Figura 8a, 2a, 3a). No entanto, quando se utilizam concentrações mais elevadas de ácido fítico como substrato, a contribuição endógena do ácido fítico está a influenciar o desenvolvimento da cor nos métodos de Fiske-Subbrow e Cooper-Gowing (Figura 8b-d, 1f-h, 2b-d, 2f-h). A cinética do desenvolvimento da cor devido à interferência do ácido fítico também varia entre os vários métodos, ou seja, no método de Fiske-Subbrow começa imediatamente tanto em concentrações baixas como altas (1d, 1h), enquanto no método de Cooper e Gowing começa após a primeira hora (2d, 2h) apenas a baixa concentração de ácido fítico (Figura 8c, 2c). No entanto, a concentrações elevadas, o desenvolvimento da cor começa imediatamente (Figura 8g, 2g) em ambos os métodos. Uma observação inesperada neste trabalho é que o método de Fiske-Subbrow pode ser adotado para estimar o ácido fítico, tanto a baixas como a altas concentrações (Figura 8d, h); no entanto, antes de generalizar como método, é necessário mais trabalho.

Alguns investigadores argumentaram recentemente que o ensaio de libertação de fosfato não é uma medida específica da atividade da fitase, especialmente em extractos brutos de células lisadas ou preparações bacterianas, uma vez que uma quantidade substancial de orto-P é libertada pela exopolifosfatase, fosfatos ácidos não específicos, polifosfato, etc. (Duane e David, 2005). A fim de contornar este problema, sugere-se que, em vez de fitato, seja utilizado um novo substrato cromóforo análogo do ácido fítico, o 5-O-[6-(benzoilamino)hexil]-D-mio-inositol-1,2,3,4,6-pentaquisfosfato, em combinação com HPLC, para obter uma estimativa exacta da fitase. Concordamos com este ponto, no entanto, estes métodos têm alguns problemas inerentes, como aspectos de custo, ultra puro de alto grau caro, reagentes necessários para HPLC; e, além disso, a experiência para lidar com HPLC.

Em conclusão, a nossa observação mostra que o método AOAC é conveniente e pode ser adotado com facilidade para estimativas de rotina da fitase, uma vez que é fiável, conveniente e pouco dispendioso. Embora não tenhamos encontrado dificuldades durante a nossa experimentação, consideramos que são obviamente necessários controlos adequados sempre que o método AOAC é aplicado, especialmente quando utilizado em diversos fluidos biológicos ou em diferentes meios bacterianos.

Purificação da enzima

Uma vez confirmado que, para a estimativa da fitase, o método AOAC é o melhor. Concentrámos a nossa atenção na purificação da enzima em grandes quantidades. Como primeiro passo, temos

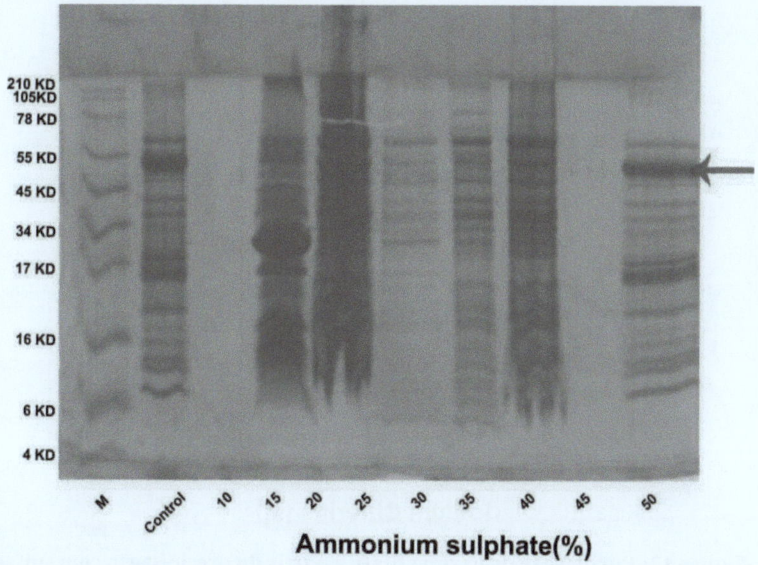

Figura 11 : Purificação da enzima fitase a partir do sobrenadante. As fracções obtidas a partir da precipitação com sulfato de amónio (10-50%) que apresentavam uma atividade de fitase detetável foram carregadas no gel e foi efectuada uma análise de gel SDS PAGE. Os géis foram corados com Commasiie blue R250 durante 1 hora e descoloração durante a noite. O precipitado obtido a 50% de saturação revelou a atividade mais elevada, uma vez que acima de 60% de saturação não se verificou qualquer atividade detetável.

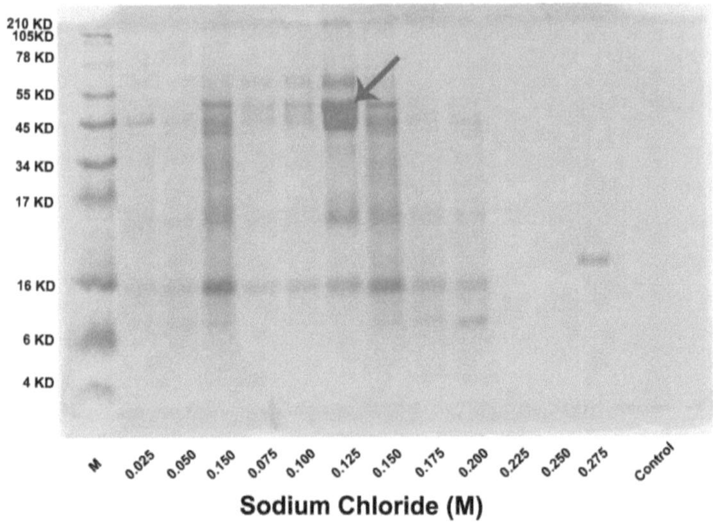

Figura 12: Purificação da enzima fitase a partir da precipitação com sulfato de amónio a 50%. As fracções obtidas a partir da purificação de celulose DEAE (cloreto de sódio 0,025-0,300 M) que apresentaram uma atividade de fitase detetável foram carregadas no gel e foi efectuada uma análise de gel SDS PAGE. Os géis foram corados com PageBlue™ Protein Staining Solution (Fermentas; #R0571) durante uma noite. A maior atividade enzimática foi encontrada na fração obtida na eluição de 0,125M. Durante o nosso estudo, verificámos que existe a possibilidade de geração de artefactos, pelo que, para excluir que os dados obtidos não se devam a artefactos, carregámos duas vezes a amostra de 0,150 M para que uma delas pudesse servir de controlo interno (pista 4 da esquerda).

Cultivou-se a *Klebsiella oxytoca* em frascos de 5 litros. O sobrenadante foi recolhido e libertado de células por centrifugação a 12000 RPM durante 15 minutos, seguido de passagem do sobrenadante através de um filtro de 0,22 μM. O sobrenadante recolhido foi imediatamente sujeito à precipitação com sulfato de amónio, adicionando o sulfato de amónio da concentração necessária e incubando a 20° C durante 1 hora. Em seguida, o precipitado foi recolhido por

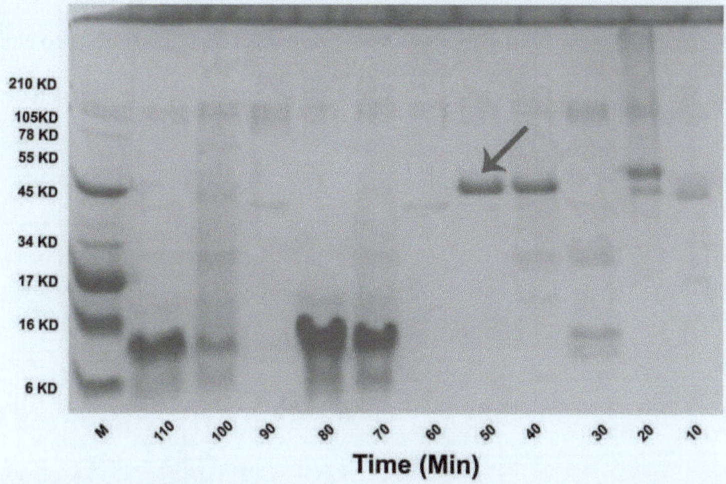

Figura 13: Purificação da enzima fitase a partir da purificação em gel de sephadex G-50. As fracções que foram obtidas a partir da purificação em gel. As amostras que revelaram uma atividade de fitase detetável foram carregadas no gel e foi efectuada uma PAGE SDS. Os géis foram corados com Commassie blue R250 durante 1 hora e destapados durante uma noite. A fração obtida aos 50 minutos apresentou a atividade mais elevada, seguida dos 40 minutos. Partimos do princípio de que a eluição pode começar por volta dos 35 minutos e terminar aos 50 minutos.

centrifugação a 12000 RPM durante 30 min. O precipitado obtido foi dissolvido em 5 ml de acetato de amónio 0,1M e, em seguida, dialisado utilizando membranas MCWO 10 KD. Toda a fração obtida após a diálise foi submetida à atividade da fitase utilizando o método AO AC. As fracções que apresentaram uma atividade positiva foram analisadas por SDS-PAGE. Observámos a maior atividade de fitase em 50 % da fração e mostrámos 10-15 proteínas/peptídeos no gel SDS-PAGE (Figura 11). Para uma maior purificação, submetemos o sulfato de amónio a 50% a uma purificação com celulose DEAE, utilizando cloreto de sódio como eluente. A maior atividade enzimática

A atividade enzimática mais elevada foi encontrada na fração obtida no eluidor de NaCl 0,125M. Para explorar a qualidade da purificação, corremos todas as eluições no SDS-PAGE e observámos que

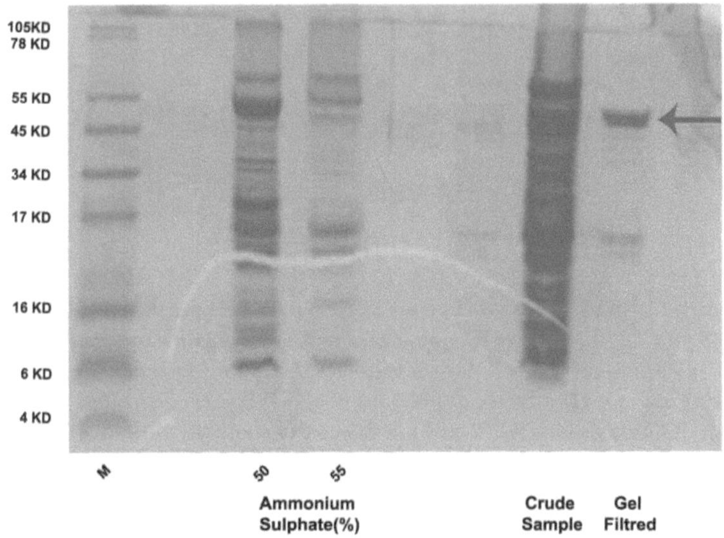

Figura 14 : Qualidade global da enzima fitase após precipitação com sulfato de amónio a 50%, celulose DEAE, purificação em gel. Os géis foram corados com Commassie blue R250 durante 1 hora e descoloração durante uma noite. A fração obtida aos 50 minutos mostrou a atividade mais elevada, seguida de 40 minutos. Partimos do princípio de que a eluição poderia começar algures depois dos 35 minutos e terminar aos 50 minutos. Por isso, juntámos as amostras.

Existem mais algumas bandas (Figura 12). Em seguida, decidimos purificar a enzima até ao estado homogéneo, utilizando a filtração em gel. A fração eluída com NaCl 0,125M foi carregada na coluna Sephadex G-50 e eluída com acetato de sódio 0,1M. Cada fração foi analisada quanto à atividade da fitase e analisada por SDS-PAGE. Observámos que a fração obtida aos 40 e 50 minutos tinha uma atividade de fitase detetável e apresentava apenas uma banda no gel de aproximadamente 45-55 KD (Figura 13). Apesar de a banda enzimática ser

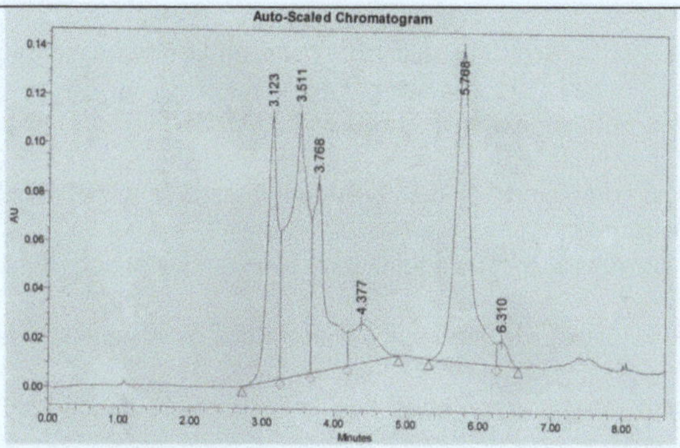

Figura 15: Cromatograma HPLC da enzima fitase purificada em gel. A amostra combinada filtrada em gel apresentou algumas bandas ténues e detectáveis no gel. Assim, a amostra combinada foi injectada no sistema de HPLC preparativo e purificada. O HPLC foi configurado para recolher cada pico como uma fração. Foram recolhidas e analisadas seis amostras diferentes para determinar a atividade da fitase. A fração 5, eluída a 5,768 min, apresentou uma atividade máxima.

proeminente no intervalo de tamanho 45-55 KD, observámos 3-4 bandas fracas menores no gel. Estas bandas suscitaram dúvidas quanto ao facto de se tratar de outras proteínas menores ou de produtos de degradação. Para termos a certeza e confiança, decidimos separá-las da enzima utilizando HPLC. Como previsto, o cromatograma da HPLC mostrou que estas proteínas são diferentes das da enzima, uma vez que eluíram muito antes da enzima. Entre toda a fração recolhida (Figura 15), apenas uma fração que eluiu aos 5,7 minutos apresentou a atividade enzimática de fitase mais elevada, tal como confirmado pelo método AOAC. Para todos os ensaios a partir daqui, foi utilizada esta fração.

4.5: Análise MALDI

Ao utilizar o SDS-PAGE, não foi possível determinar com exatidão o tamanho da enzima fitase. Por conseguinte, decidimos confirmar o tamanho da enzima, bem como a pureza, utilizando a análise ESI-MS MALDI-TOF com pequenos ajustes na máquina, tal como sugerido pelo perito na matéria do CSIR-CDRI, Lucknow. Ajustámos a configuração da máquina para ler os sinais obtidos a partir do estado Z+1 (apenas +1 estado de ionização) e omitimos os restantes. Uma vez que o excesso de ionização pode confundir-nos na confirmação da leitura e da pureza da amostra. Os nossos resultados indicam claramente que a amostra é pura, contém apenas uma única forma monomérica com um tamanho de 47,9 kDa e são consistentes com os obtidos com o SDS-PAGE. Com base nos resultados obtidos por SDS-PAGE e MALDI, concluímos que o peso molecular da fitase *de Klebsiella oxytoca* é de 47,9 kDa e é uma unidade monomérica. Foi relatado que várias fitases de origem bacteriana têm um peso molecular na gama de 37-74 kDa e o peso molecular da nossa enzima fitase enquadra-se muito bem na categoria

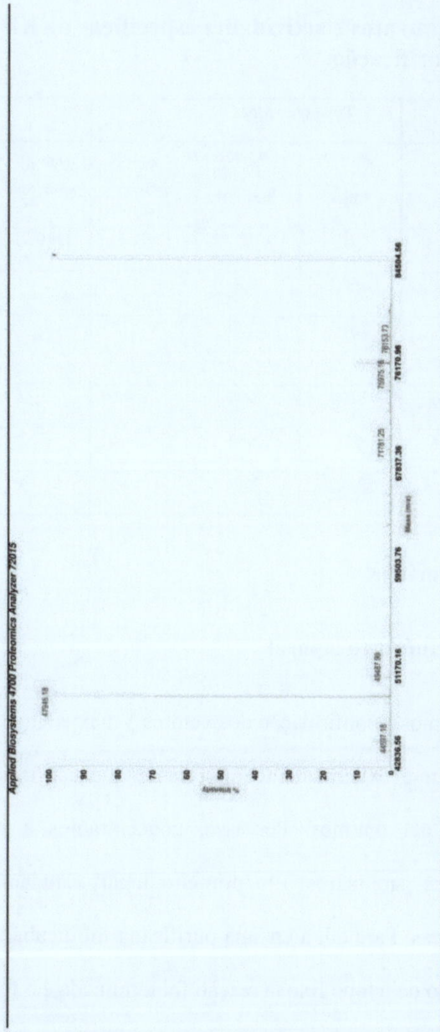

Figura 16 : Relatório Maldi da fração do Pico 5. Para confirmar que a fração 5 é constituída por uma única proteína e que não existem proteínas contaminantes na amostra, procedeu-se à análise Maldi. Os resultados mostram que existe um único pico na amostra. E existem algumas proteínas contaminantes que representam menos de 5% da amostra. Com base nos resultados da página SDS, concluímos que a nossa proteína poderia estar no intervalo de 45-60 Kd. Por isso, definimos o nosso limite de detecçãoMALDI entre 42 - 85 e utilizámos a proteína 76KD como proteína de controlo, (adicionar informação cdri)

Quadro 8: Rendimentos e actividades específicas de Klebsiella oxytoca no decurso da purificação.

		Total recovery				
	Step	Protein (mg)	Enzyme (units)	Specific activity	Fold purified	% Yield
		A	B	C=B/A	D=C/C1	E=(B/B1)*100
1	Starting material	5600	9000	1.61		
2	Ammonium sulphate (50 %)	2676	7100	2.65	1.65	78.89
3	DEAE cellulose,	1200	5600	4.67	2.90	62.22
4	Gel purification	643	2987	4.65	2.89	33.19
5	HPLC	100	756	7.56	4.70	8.40

4.6: Cinética enzimática

4.6.1: Estudo da cinética temporal

Antes de procedermos à confirmação dos valores Vmax e Km da enzima fitase *de Klebsiella oxytoca*, é extremamente importante que confirmemos o tempo, a temperatura e o pH óptimos. Por isso, concentrámos a nossa atenção na confirmação destes parâmetros. Em primeiro lugar, estudámos a cinética das reacções enzimáticas. Para tal, a enzima purificada foi incubada com o substrato durante um período de tempo fixo, a reação foi terminada e o fosfato libertado foi imediatamente estimado utilizando o método AOAC. Os resultados mostraram que a reação atingiu uma curva reta ou um patamar aos 60 minutos (Figura 17). Estes resultados confirmam que a enzima e o substrato devem interagir um com o outro durante pelo menos 1 hora.

4.5.1: Efeito da temperatura

Sabe-se que a temperatura desempenha um papel crucial na atividade enzimática, pois sabe-se que temperaturas mais elevadas reduzem o estado de excitação da molécula e desestabilizam a ligação interna da

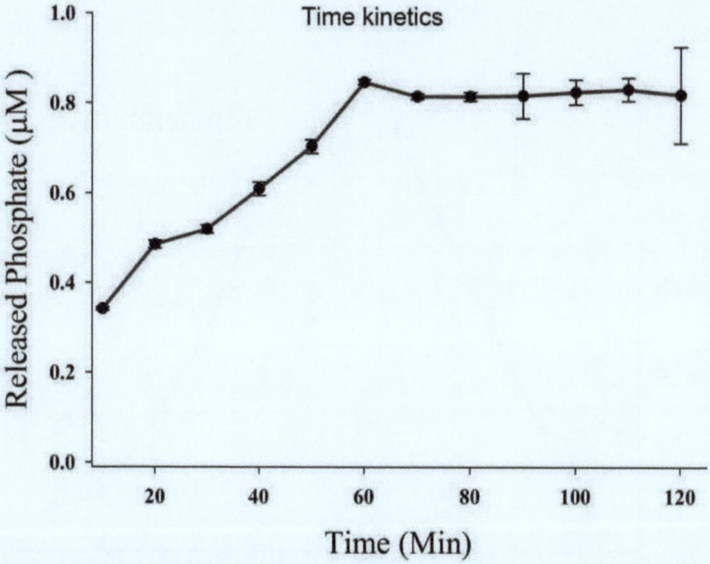

Figura 17: Cinética temporal da atividade da fitase

substrato também. Além disso, sabe-se também que uma temperatura mais elevada pode desestabilizar as ligações na estrutura da enzima, permitindo assim um acesso fácil do substrato ao sítio ativo. Assim, investigámos de seguida a influência da temperatura na enzima fitase *de Klebsiella oxytoca.*

Os nossos resultados indicam claramente que a temperatura óptima para a atividade da enzima é de cerca de 45° C. Com o aumento da temperatura, a atividade perde-se.

Não é muito claro como a temperatura influencia a atividade enzimática. Existem amplas divergências quanto à explicação de que a "desnaturação da estrutura da enzima" é responsável pela diminuição da atividade. Roy e Danson, na sua revisão sobre a estabilidade da enzima e a atividade óptima, concluíram que não existe qualquer relação entre a atividade da enzima e a estabilidade térmica. Segundo eles, há muito mais para descobrir e talvez tenha chegado o momento de explorar a base molecular dos "efeitos da temperatura na enzima

atividade".

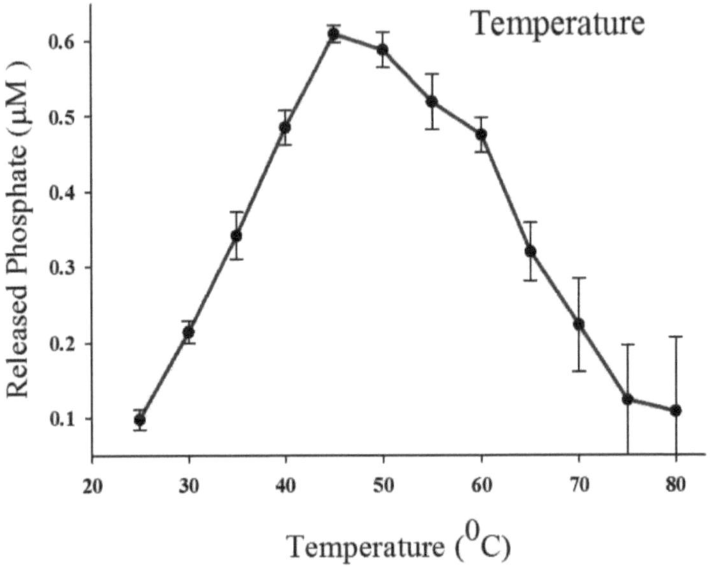

Figura 18 : Efeito da temperatura na atividade da fitase

A fitase de *Streptomyces hygroscopicus* e Enterobacter sp.4 (Yoon, et al.,1996) apresentou uma temperatura óptima de 50°C e Bacillus subtilis estirpe VTT E-68013 apresentou uma atividade óptima a 55°C, S. ruminantium JY35 (ATCC 55785) reteve mais de 50% da sua atividade entre 37 e 55°C (Yanke, Bae, Selinger e Cheng,1998, Yanke, et al.,1999). A fitase de *B. subtilis* também apresentou uma temperatura óptima de 60 *°C* e a de Bacillus sp. KHU-10 apresentou uma temperatura óptima de 40 °C e a de B. laevolacticus 70 °C (Shimizu,1992).

4.5.2: Efeito do pH

A enzima purificada tinha preferência por trabalhar numa vasta gama de pH 3 a 7, tendo sido observado um patamar de pH ótimo na gama de pH de 5 a 6. A enzima reteve mais de 80% da sua atividade

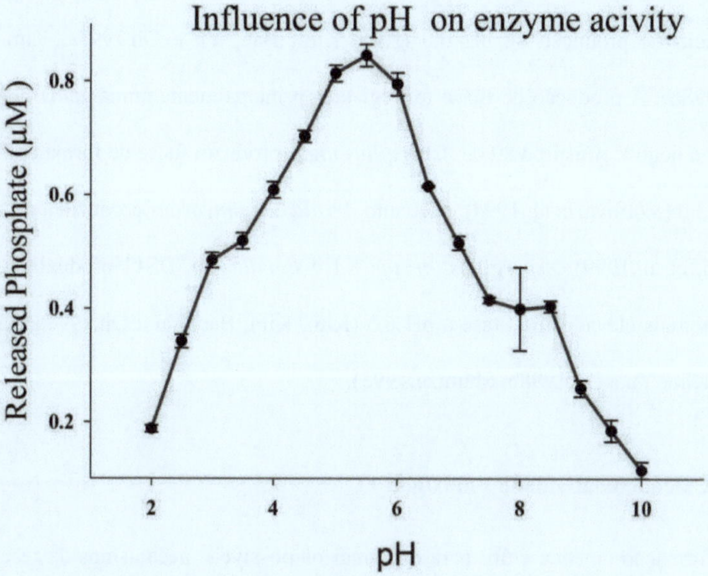

Figura 19 : Efeito do pH na atividade da fitase

numa vasta gama de pH de 2 a 8 durante 4 h (Figura 13). Por outro lado, a exposição da enzima a valores de pH 2 ou 8 durante 24 h resultou numa inibição da atividade enzimática de cerca de 50% da sua atividade inicial. O ensaio padrão da fitase foi efectuado utilizando uma variedade de tampões de pH 2,0 a 9,0. A enzima degradativa de fitato de *Enterobacter sakazakii* ASUIA279 tinha um único pH ótimo a pH 4,5 e era praticamente inativa abaixo de pH 2 ou acima de pH 7,0. Verificou-se que o pH ótimo para a produção de fitase a partir de *Aspergillus heteromorphus* era de 6,0 e que uma diminuição adicional do pH do meio reduzia drasticamente a produção da enzima. No entanto, o fungo pode crescer numa gama de pH de 5,0-10,0, apresentando uma atividade suficiente de fitase na gama alcalina (8,0-10,0). No entanto, a produção de fitase em condições alcalinas não foi registada até à data. Kim *et al.* e Tahir *et al.* também obtiveram a atividade máxima de fitase de *Aspergillus* sp. 5990 e *Aspergillus niger* St-6, respetivamente, no meio de produção de pH 6,0 (Kim, Kim, Bae, Yu e Oh,1998a, Kim, et al.,1998b). A produção de fitase foi registada principalmente numa gama de pH ácido a neutro. A estirpe 89 de *Aspergillus niger* produziu fitase de forma óptima a pH 3,0 (Volfova, et al.,1994), enquanto *Arxula adeninivorans* produziu a pH 5,5 (Sano, et al.,1999). *Aspergillus. oryzae* K1 e *Bacillus* sp. DS11 produziram os títulos mais elevados de fitase a pH 6,5 (Kim, Kim, Bae, Yu e Oh,1998a, Kim, Lee, Kim, Yu e Oh,1998b, Shimizu,1993).

4.7: Cálculo da atividade Vmax/Km

A informação cinética é útil para examinar os possíveis mecanismos da reação. Nas enzimas, a informação cinética é útil para compreender como o metabolismo é regulado e como ocorrerá em diferentes condições. As fitases libertam o fosfato do fitato [mio-inositol (1,2,3,4,5,6) hexakisfosfato], por etapas Presume-se que a enzima fitase cliva preferencialmente o fosfato 3 ou 5 primeiro do ácido fítico e depois liberta-o dos outros locais.

Para calcular os parâmetros cinéticos, ou seja, Km e Vmax, podem ser utilizados os gráficos de Lineweaver-Burk, Eadie-Hofstee e Hanes. No entanto, vários estudos sugerem que, dos três métodos de representação gráfica, a representação gráfica de Linweaver-Burk é superior aos outros dois métodos de representação gráfica dos dados. Sugere-se que a utilização de valores de baixa velocidade (que apresentam a maioria dos erros) sem qualquer transformação, em vez de na forma recíproca, como nos métodos de Eadie-Hofstee e Hanes, é a razão para desempenhos inferiores. Assim, no nosso estudo, utilizámos o gráfico de Lineweaver-Burk para calcular o Km e o Vmax

Para estudar a afinidade do substrato da enzima, o parâmetro cinético do ácido fítico foi determinado a pH 5,5 e 45°C. A constante de Michaelis aparente (*Km^)* da fitase para o ácido fítico foi calculada a partir do gráfico de Lineweaver-Burk. Vmax é geralmente 1/ponto de interceção do gráfico de Lineweaver-

Gráfico de Burk. Com base nos dados obtidos (Figura 8), calculámos que o Vmax no nosso caso é de 372 + 10,25 mmol/min/ml e os valores de Km foram de 0,09 +0,026 µmol/l. Como sabemos, um Km mais elevado indica sempre uma menor afinidade para o substrato e, para que a enzima se ligue firmemente ao substrato, são necessárias concentrações elevadas de substrato. O KM da enzima que degrada o fitato de *Enterobacter sakazakii* ASUIA279 para o fitato foi determinado como sendo 760µmol/l. Da mesma forma, outras enzimas de degradação de fitato de fontes bacterianas foram encontradas com valor Km semelhante, ou seja, 340 µmol/l para *Pantoea agglomerans* (Greiner, 2004), 300 µmol/l para *Klebsiella terrigena* (Greiner et al., 1997), Klebsiella pneumonia (Sajidan et al., 2004) e 460 µmol.l para *Citrobacter braakii* (Kim et al., 2003).

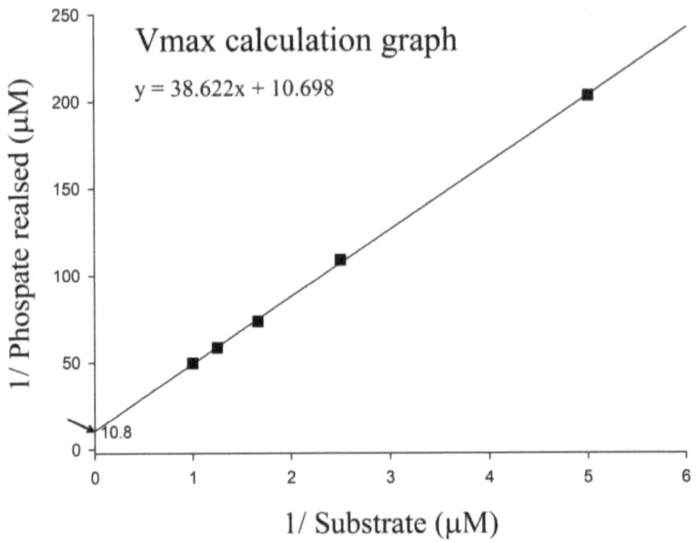

Figura 20 : Cinética da atividade da fitase

Num estudo realizado por *Aspergillus niger*, a enzima revelou-se bastante específica para o fitato e os parâmetros cinéticos para a hidrólise do fitato de sódio foram Km 0,929 µM e Vmax 52,36 nkat/cm3. Num outro estudo efectuado por , foi referido que o *Aspergillus niger* tem um **Vmax** 227,3 nkat/cm3 Km 0,53 µM. Elkhalil, no seu trabalho, relatou a cinética da fitase de várias espécies microbianas, tais como *Bacillus* Vmax 140,8 nkat/cm3 Km 0,19 µM, *E. coli* Vmax 1428,0 nkat/cm3 Km 0,17 µM, *Klebsiella* Vmax 200,0 nkat/cm3 Km 0,18 µM) Verificou-se que a fitase de levedura tem Vmax 52 nkat/cm3 Km 149 µM. Curiosamente, observa-se que mesmo a *Mycobacterium smegmatis* tem um gene de fitase, que produz uma enzima ativa, tendo-se verificado que a enzima tem Vmax 26,93 ± 1,21 mM min-1, Km 0,105 ± 0,016 µM.

4.8: Efeito dos iões metálicos

O estudo do efeito dos iões metálicos (Figura 22) na atividade enzimática mostrou que nenhum deles teve um efeito ativador quando utilizado a uma concentração entre 0,001M. O KCl e o NaCl aumentaram o efeito sobre a atividade enzimática, enquanto o Fe3+, o CuCl2+ e o Znso4 apresentaram fortes efeitos inibitórios. O efeito inibitório pode ser devido à formação de complexos pouco solúveis dos iões metálicos com o fitato, o que pode diminuir a concentração ativa de fitato no ensaio (Wang, et al.,1980). No entanto, verificou-se que o molibdato, o vanadato, o fluoreto e o fosfato eram fortes inibidores da atividade de degradação do fitato da enzima purificada de *Enterobacter sakazakii ASUIA279* (Yoon, Choi, Min, Cho, Kim, Lee e Jung,1996). As enzimas que degradam o fitato de diferentes bactérias diferem na sua necessidade de iões metálicos para a sua atividade. A enzima de decomposição de fitatos de *Selemonas ruminantium* (Yanke, Bae, Selinger e Cheng,1998) foi fortemente inibida por misturas de reação contendo 5 mM de Fe2+, Fe3+, Cu2+, Zn2+ e Hg2+. A enzima parcialmente purificada de Klebsiella oxytoca MO-3 foi fortemente inibida por NaF, Zn2+Fe2+ e Cu2+, mas não foi inibida por EDTA ou N-etlmaleimida (Jareonkitmongkol, Ohya, Watanabe, Takagi e Nakamori,1997). Estão em curso outros trabalhos para elucidar a estrutura da enzima de degradação do fitato e para responder às perguntas sobre o mecanismo catalítico da enzima de degradação do fitato de *Enterobacter* ***sakazakii*** **ASUIA279 e sobre o produto final da degradação enzimática do fitato.**

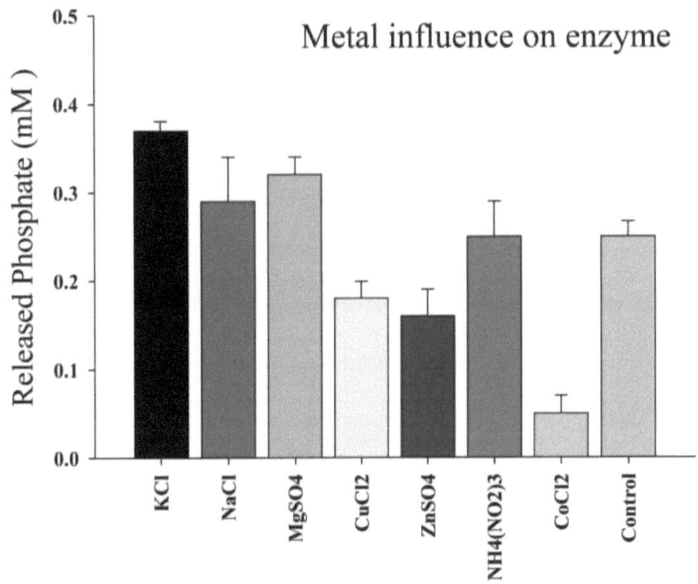

Figura 21: Efeito dos iões metálicos na atividade da fitase.

4.9: Seletividade do substrato

A fim de avaliar a seletividade do substrato da enzima que degrada o fitato de *Klebsiella oxytoca*, para além do fitato, foram utilizados vários compostos fosforilados para o cálculo da atividade relativa. Para os cálculos, a libertação do ião fosfato durante a hidrólise é permitida para formar um complexo solúvel de fosfomolibdato numa mistura de água ácida. A taxa relativa de hidrólise de diferentes compostos fosforilados demonstrou que a fitase purificada apresentava uma ampla especificidade de substrato (Figura 22). A enzima

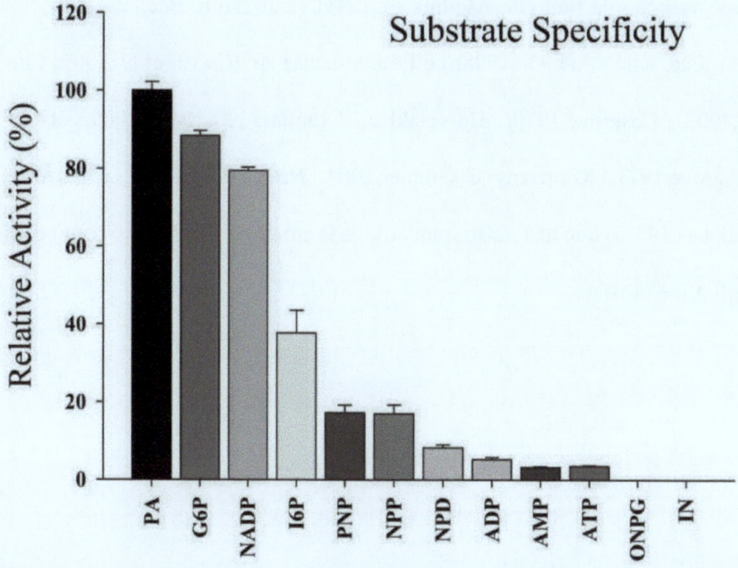

Figura 22 : Atividade relativa da enzima fitase em relação a outros substratos. (PA- [ácido fítico] G6P [sal dissódico de glucose6-fosfato], I5P [sal dissódico de inosina 5-monofosfato desidratado], PNP [para-nitrofenil fosfato], NPP[4Nitrofenil fosfato], NPD [sal dissódico de 1 naftil fosfato], NADP [Nicotinamida adenina di-nucleótido fosfato], ONPG [O-nitrofenil-b-glactopirrosdina], IN [Inositol], AMP, ADP, ATP, NPD)

hidrolisam o fitato a uma taxa muito elevada. Esta propriedade confirmou que esta enzima é reconhecida como uma fitase. Além disso, o ρ-nitrofenil fosfato (PNPP), um substrato conhecido para testar a atividade da fosfatase, registou apenas 19%. A enzima mostrou uma estreita especificidade de substrato com a maior afinidade para o ácido fítico, seguida pelo sal dissódico de glucose6-fosfato. Outros substratos como ATP, ADP e AMP apresentaram uma afinidade inferior para a enzima. Não se obtiveram níveis de deteção de fosfato quando O-nitrofeni-b-glactopirrosdina (ONPG) e inositol foram incubados com a enzima, o que indica que a enzima não reconhece estes substratos.

Os nossos resultados são consistentes com os resultados obtidos com as enzimas de degradação de fitato de Bacillus sp. DS11 (Kim, Kim, Bae, Yu e Oh,1998a, Kim, Lee, Kim, Yu e Oh,1998b) e Pseudomonas sp. (Cho J, et al.,2005, Cho, et al.,2003, Cosgrove,1970, Hosseinkhani, Emtiazi e Nahvi,2009, Irving e Cosgrove,1971, Konietzny e Greiner,2004, Nam, et al.,2014, Richardson e Hadobas,1997a) que não mostraram atividade em ésteres de fosfato como o AMP e o β-glicerofosfato.

CAPÍTULO 5

Resumo

O ácido fítico (hexafosfato de mio-inositol) é a principal forma de armazenamento de fosfato nos cereais e nas sementes oleaginosas. Os animais monogástricos, como os peixes, os suínos e as aves de capoeira, não conseguem utilizar esta fonte de fosfato porque não possuem a enzima fitase nos seus intestinos. Por conseguinte, as formulações de alimentos para estes animais requerem fosfato inorgânico como suplemento. Para além de aumentar os custos dos alimentos para animais, o fosfato inorgânico é um recurso que se esgota rapidamente e é necessário conservá-lo. O fitato presente nos alimentos actua como um fator anti-nutricional, uma vez que se complexa com proteínas e metais, reduzindo assim a sua biodisponibilidade. O fitato excretado nas fezes cria o problema da poluição por fosfato em zonas de produção intensiva de gado monogástrico.

Os métodos químicos e físicos para hidrolisar o fitato são dispendiosos e reduzem o valor nutritivo dos alimentos, pelo que é necessário encontrar métodos alternativos para a hidrólise do fitato. A suplementação das rações com a enzima fitase, que hidrolisa o fitato em derivados de mio-inositol menos fosforilados, é uma abordagem promissora. Pode resolver simultaneamente os problemas nutricionais e de poluição. A fitase pertence à família das fosfatases ácidas de histidina. A União Internacional de Bioquímica (1979) reconhece duas categorias de fitases, nomeadamente as 3-fitases (EC 3.1.3.8) e as 6-fitases (EC 3.1.3.26), com base na sua capacidade de catalisar a hidrólise em posições específicas do grupo éster de fosfato na molécula de fitato. Enquanto as primeiras se encontram geralmente nos microrganismos, as segundas encontram-se sobretudo nas plantas. Ambas as fitases são capazes de desfosforilar sucessivamente o fitato em inositol. A maioria dos microrganismos produtores de fitase na natureza foi isolada dos solos e da flora ruminal. No entanto, várias fontes naturais de organismos produtores de fitase permanecem inexploradas.

Na Índia, não foram realizados muitos trabalhos neste sentido, embora a gestão das aves de capoeira e dos animais de criação tenha aumentado enormemente nas últimas décadas. Existem muito poucos relatórios sobre micróbios produtores de fitase na Índia, incluindo a bactéria *Lactobacillus amylovorus* e a levedura *Pichia anomala*. Foi registada a produção microbiana de fitase extracelular utilizando poliestireno como suporte sólido inerte, pertencente a *Aspergillus ficuum* TUB F-1165 e *Rhizopus oligosporus* TUB F-1166.

No nosso próprio laboratório, temos estado empenhados em analisar as amostras recolhidas de alimentos tradicionais para gado e de práticas de cozedura em panelas de barro por mulheres rurais para analisar os micróbios capazes de hidrólise de fitatos. Tradicionalmente, as estirpes eram identificadas através de testes bioquímicos. Além disso, na maior parte das vezes, a estirpe era identificada erradamente ou não até ao nível da espécie. Para resolver este problema, foram inventados vários métodos, um dos quais é a identificação molecular, que se baseia na sequenciação do 16sRNA. Os estudos preliminares levaram-nos à identificação de algumas espécies bacterianas, tais como *Pseudomonas sp, Bacillus sp, Bacillus sp, Streptococcus sp, Staphylococcus sp, Lactobacillus sp, Serratia sp, Klebsiella oxytoca, Pseudomonas sp. Saccharomyces cerevisiae,* que têm potencial para hidrolisar o fitato. De todas as espécies, com base na novidade e nas condições de cultura, selecionámos *a Klebsiella oxytoca* como a nossa bactéria principal para a otimização da enzima.

Durante o trabalho de investigação para esclarecer a dúvida sobre qual é o melhor método calorimétrico para identificar o fosfato libertado após a hidrólise do ácido fítico pela fitase. O método seguido apresenta um valor falso positivo devido à interação do fosfato e do ácido fítico durante a experimentação? E também quanto tempo é que a cor é estável para a estimativa do fosfato? Para responder à questão anterior e identificar o melhor método de estimativa de fosfato na presença de ácido fítico. Foram selecionados para análise vários métodos sugeridos por vários documentos, tais como o método AOAC, o método Copper e Gowing, o método Fiske & Subba row. Para esta experiência, foi preparada uma solução padrão de 10 µM de ácido fítico e 10 µM de fosfato (sK2HPO4) em tampão de acetato de sódio 100 mM (pH 5). Esta solução foi utilizada como stock para estimar o fosfato e o ácido fítico para todos os métodos. Para a preparação do gráfico padrão, foram selecionados 2 conjuntos de concentrações (1-10 µm e 0,1-1 µm de concentração). Foram preparadas quatro amostras de ensaio diferentes (com fosfato puro, ácido fítico puro, ácido fítico na presença de 5 µM de fosfato e fosfato na presença de 5 µM de ácido fítico) para cada conjunto. Para todas as experiências e métodos, o ensaio em branco foi preparado apenas com tampão de acetato de sódio 100 mM (pH 5). Cada experiência foi efectuada em triplicado e repetida durante três dias consecutivos. Os valores obtidos foram utilizados para desenhar um gráfico padrão, tomando a média dos valores. Para avaliar a sensibilidade do método, a solução de teste foi preparada tomando uma quantidade conhecida de solução de reserva e diluindo-a com tampão. Em seguida, foram efectuadas leituras O.D. a 30 min, 60 min, 90 min, 120 min, 150 min após a incubação a nm requerido para o método a. Este exercício básico foi efectuado para os 3 métodos em duas concentrações diferentes e 4 amostras de teste. Em conclusão, a nossa observação mostra que o método AOAC é conveniente e pode ser adotado com facilidade para estimativas de rotina da fitase, uma vez que é fiável, conveniente e pouco dispendioso. Embora não tenhamos encontrado dificuldades durante a nossa experimentação, consideramos que são obviamente necessários controlos adequados sempre que o método AOAC é aplicado, especialmente quando é utilizado em diversos fluidos biológicos ou em diferentes meios bacterianos.

A otimização do meio continua a ser um dos fenómenos mais bem investigados que se realiza antes de qualquer produção de metabolitos/enzimas em grande escala. Um aumento da produtividade reduz o custo global do produto, bem como o custo de produção; por conseguinte, é um dos factores importantes para a investigação. Para conceber um meio de produção, devem ser identificadas as condições de fermentação mais adequadas (pH, temperatura, velocidade de agitação, etc.) e os componentes adequados do meio. Além disso, através da otimização dos parâmetros acima referidos, é possível obter a concentração máxima do produto.

O tipo de nutrientes e as suas concentrações óptimas podem desempenhar um papel importante no início da produção de metabolitos primários e secundários, uma vez que o fornecimento limitado de um nutriente essencial pode restringir o crescimento das células microbianas ou a formação de produtos. Geralmente, a fonte de azoto presente no meio actua como um fator limitante para a produção de metabolitos. Tendo em conta esta informação, começámos por testar qual a fonte de azoto, ou seja, peptona, triptona e extrato de levedura, que poderia aumentar a produção de enzimas. Quando a peptona foi utilizada como fonte de azoto, a produção de enzimas foi de 0,37 U/ml e a biomassa de 1,5g/l. Mas com a triptona, a produção foi de 0,15 U/ml e a biomassa foi de 2,5g/l. Curiosamente, verificámos que, com o extrato de levedura, foi obtida a maior quantidade de biomassa, ou seja, 5,8 g/l, sem qualquer atividade enzimática. Em suma, observámos que a peptona aumentou a produção de enzimas e produziu uma biomassa inferior à da triptona e do extrato de levedura.

Para além dos componentes do meio, os iões metálicos presentes nos meios de cultura afectam grandemente a atividade metabólica da célula microbiana e, por conseguinte, a produção de enzimas. A quantidade de uma determinada enzima expressa por um microrganismo específico depende diretamente dos iões metálicos presentes no meio de cultura. Os nossos resultados demonstraram claramente que o KCl, o MgSo4 e o Nacl não têm qualquer efeito na produção da enzima fitase, ao passo que o CuCl2 e o ZnSo4 a suprimem parcialmente.

Uma vez confirmado que, para a estimativa da fitase, o método AOAC é o melhor. Concentrámos a nossa atenção na purificação da enzima em grandes quantidades.

Como primeiro passo, cultivámos a *Klebsiella oxytoca* em frascos de 5 litros. O sobrenadante foi recolhido e tornado livre de células, seguido de precipitação com sulfato de amónio, purificação com DEAE celulose, eluição com gel Sephadex G-50 e purificação por HPLC. Conseguimos obter uma purificação a 100% efectuando todas as etapas de forma sequencial.

Ao utilizar o SDS-PAGE, não foi possível determinar com exatidão o tamanho da enzima fitase. Por conseguinte, decidimos confirmar o tamanho da enzima, bem como a pureza, utilizando a análise ESI-MS MALDI-TOF com pequenos ajustes na máquina. Os nossos resultados indicam claramente que a amostra é pura, contém apenas uma única forma monomérica com um tamanho de 47,9 kDa .

Antes de procedermos à confirmação dos valores Vmax e Km da enzima fitase *de Klebsiella oxytoca*, é extremamente importante que confirmemos o tempo, a temperatura e o pH óptimos. Em primeiro lugar, estudámos a cinética das reacções enzimáticas e os resultados mostraram que a reação atingiu uma curva reta ou um patamar aos 60 minutos. Estes resultados confirmam que a enzima e o substrato devem interagir um com o outro durante pelo menos 1 hora. Em seguida, investigámos a influência da temperatura da enzima fitase de *Klebsiella oxytoca*. Os nossos resultados indicam claramente que a temperatura óptima para a atividade da enzima é de cerca de 45° C. Com o aumento da temperatura, a atividade perde-se. A enzima purificada teve preferência por trabalhar numa vasta gama de pH 3 a 7, tendo sido observado um patamar de pH ótimo na gama de pH de 5 a 6. A enzima reteve mais de 80% da sua atividade numa vasta gama de pH de 2 a 8 durante 4 h.

A informação cinética é útil para examinar os possíveis mecanismos da reação. No caso das enzimas, a informação cinética é útil para compreender como o metabolismo é regulado e como se processa em diferentes condições. Para calcular os parâmetros cinéticos, ou seja, Km e Vmax, pode utilizar-se o gráfico de Lineweaver-Burk, o gráfico de Eadie-Hofstee e o gráfico de Hanes. No entanto, vários estudos sugerem que, entre os três métodos de representação gráfica, a representação gráfica de Linweaver-Burk é superior aos outros dois métodos de representação gráfica dos dados. Assim, no nosso estudo, utilizámos o gráfico de Lineweaver-Burk para calcular o Km e o Vmax . Para estudar a afinidade da enzima pelo substrato, o parâmetro cinético do ácido fítico foi determinado a pH 5,5 e 45°C. Com base nos dados obtidos (Figura 8), calculámos que o Vmax no nosso caso é de 372 + 10,25 mmol/min/ml e os valores de Km foram de 0,09 +0,026 µmol/l. Como sabemos, um Km mais elevado indica sempre uma menor afinidade para o substrato e, para que a enzima se ligue firmemente ao substrato, são necessárias concentrações elevadas de substrato.

O estudo do efeito dos iões metálicos (Figura 22) na atividade enzimática mostrou que nenhum deles teve um efeito ativador quando utilizado a uma concentração entre 0,001M. O KCl e o NaCl aumentaram o efeito sobre a atividade enzimática, enquanto o Fe3+, o CuCl2+ e o Znso4 apresentaram fortes efeitos inibitórios. O efeito inibitório pode dever-se à formação de complexos pouco solúveis dos iões metálicos com o fitato, o que pode diminuir a concentração ativa de fitato no ensaio.

A fim de avaliar a seletividade do substrato da enzima que degrada o fitato de *Klebsiella oxytoca*, para além do fitato, foram utilizados vários compostos fosforilados para o cálculo da atividade relativa. Para os cálculos, permite-se que a libertação do ião fosfato durante a hidrólise forme um complexo solúvel de fosfomolibdato numa mistura de água ácida. A taxa relativa de hidrólise de diferentes compostos fosforilados demonstrou que a fitase purificada apresentava uma ampla especificidade de substrato (Figura 22). A enzima hidrolisou o fitato a uma taxa muito elevada. Esta propriedade confirmou que esta enzima é reconhecida como uma fitase. Além disso, o ρ-nitrofenil fosfato (PNPP), um substrato conhecido para testar a atividade da fosfatase, registou apenas 19%. Não se obtiveram níveis de deteção de fosfato quando se incubou O-nitrofenil-b-glactopirrosdina (ONPG) e inositol com a enzima, o que indica que a enzima não reconhece estes substratos.

Bibliografia

Abelson, P. H., A potential phosphate crisis. *Science* 1999, 283, (5410), 2015.

Anderson, G., Assessing organic phosphorus in soils. 1980.

Antrim, R. L.; Mitchinson, C.; Solheim, L. P., In Google Patents: 1998.

Awad, G. E. A.; Helal, M. M. I.; Danial, E. N.; Esawy, M. A., Otimização da produção de fitase por Penicillium purpurogenum GE1 sob fermentação em estado sólido usando o design Box-Behnken. *Revista Saudita de Ciências Biológicas* 2014, 21, (1), 81-88.

Bae HD; Yanke LJ; Cheng KJ; Selinger LB, Um novo método de coloração para detetar a atividade da fitase. *J Microbiol Methods* 1999, 39, (1), 17-22.

Bae, H. D.; Yanke, L. J.; Cheng, K. J.; Selinger, L. B., Um novo método de coloração para detetar a atividade da fitase. *J Microbiol Methods* 1999, 39, (1), 17-22.

Bagger, H. L.; Hoffmann, S. V.; Fuglsang, C. C.; Westh, P., Glycoprotein-surfactant interactions: a calorimetric and spectroscopic investigation of the phytase-SDS system. *Biophys Chem* 2007, 129, (2-3), 251-8.

Bartlett, G. R., Colorimetric assay methods for free and phosphorylated glyceric acids (Métodos de ensaio colorimétrico para ácidos glicéricos livres e fosforilados). *J Biol Chem* 1959a, 234, (3), 469-71.

Bartlett, G. R., Phosphorus assay in column chromatography. *J Biol Chem* 1959b, 234, (3), 4668.

Baruah, K.; Sahu, N. P.; Pal, A. K.; Debnath, D.; Yengkokpam, S.;

Mukherjee, S. C., Interactions of Dietary Microbial Phytase, Citric Acid and Crude Protein Level on Mineral Utilization by Rohu, Labeo rohita (Hamilton), Juveniles. *Journal of the World Aquaculture Sociedade* 2007, 38, (2), 238-249.

Baten, A.; Ullah, A.; Tomazic, V. J.; Shamsuddin, A. M., Inositol-phosphate-induced enhancement of natural killer cell activity correlates with tumor suppression. *Carcinogenesis* 1989, 10, (9), 1595-8.

Berry, D. F.; Shang, C.; Waltham Sajdak, C. A.; Zelazny, L. W., Medição da atividade da fitase utilizando ácido fítico ligado como substrato artificial: desenvolvimento de métodos. *Soil Biology and Biochemistry* 2007, 39, (1), 361-367.

Bhavsar, K.; Khire, J. M., Pesquisa atual e perspectivas futuras de bioprocessamento de fitase. *Rsc Advances* 2014, 4, (51), 26677-26691.

Bhavsar, K.; Kumar, V. R.; Khire, J. M., Produção de fitase de alto nível por *Aspergillus niger* NCIM 563 em cultura de estado sólido: otimização da superfície de resposta, aumento de escala e sua caraterização parcial. *J Ind Microbiol Biotechnol* 2011, 38, (9), 1407-17.

Blatny, P.; Kvasnicka, F.; Kenndler, E., Time course of formation of inositol phosphates during enzymatic hydrolysis of phytic acid (myo-inositol hexaphosphoric acid) by phytase determined by capillary isotachophoresis. *J Chromatogr A* 1994, 679, (2), 345-8.

Bohm, K.; Herter, T.; Muller, J. J.; Borriss, R.; Heinemann, U., Crystal structure of Klebsiella sp. ASR1 phytase suggests substrate binding to a preformed active site that meets the requirements of a plant rhizosphere enzyme. *FEBS J* 2010, 277, (5), 1284-96.

Bohm, K.; Herter, T.; Muller, J. J.; Borriss, R.; Heinemann, U., Crystal structure of *Klebsiella* sp. ASR1 phytase suggests substrate binding to a preformed active site that meets the requirements of a plant rhizosphere enzyme. *FEBS Journal* 2010, 277, (5), 1284-1296.

Braconi, D.; Laschi, M.; Amato, L.; Bernardini, G.; Millucci, L.; Marcolongo, R.; Cavallo, G.; Spreafico, A.; Santucci, A., Avaliação de tratamentos anti-oxidantes num modelo in vitro de ocronose alcaptonúrica. *Rheumatology (Oxford)* 2010, 49, (10), 1975-83.

Bye, J. W.; Cowieson, N. P.; Cowieson, A. J.; Selle, P. H.; Falconer, R. J., Efeitos duplos do fitato de sódio na estabilidade estrutural e solubilidade das proteínas. *J Agric Food Chem* 2013, 61, (2), 290-5.

Camden, B. J., Effectiveness of exogenous microbial phytase in improving the bioavailabilities of phosphorus and other nutrients in maize-soya-bean meal diets for broilers. *Anim. Sci.* 2001, 73, 289-297.

Carver, T. E.; Bordeau, B.; Cummings, M. D.; Petrella, E. C.; Pucci, M. J.; Zawadzke, L. E.; Dougherty, B. A.; Tredup, J. A.; Bryson, J. W.; Yanchunas, J., Jr.; Doyle, M. L.; Witmer, M. R.; Nelen, M. I.; DesJarlais, R. L.; Jaeger, E. P.; Devine, H.; Asel, E. D.; Springer, B. A.; Bone, R.; Salemme, F. R.; Todd, M. J., Decrypting the biochemical function of an essential gene from *Streptococcus pneumoniae* using ThermoFluor technology. *J Biol Chem* 2005, 280, (12), 1170412.

Casey, A.; Walsh, G., Identificação e caraterização de uma fitase de potencial interesse comercial. *J Biotechnol* 2004, 110, (3), 313-22.

Cheryan, M., Phytic acid interactions in food systems (Interações do ácido fítico nos sistemas alimentares). *Crit Rev Food Sci Nutr* 1980, 13, (4), 297335.

Cho J; Lee C; Kang S; Lee J; Lee H; Bok J; Woo J; Moon Y; Choi Y, Clonagem molecular de um gene de fitase (phy M) de *Pseudomonas syringae* MOK1. *Curr Microbiol* 2005, 51, (1), 11-5.

Cho, J. S.; Lee, C. W.; Kang, S. H.; Lee, J. C.; Bok, J. D.; Moon, Y. S.; Lee, H. G.; Kim, S. C.; Choi, Y. J., Purificação e caraterização de uma fitase de *Pseudomonas syringae* MOK1. *Curr Microbiol* 2003, 47, (4), 290-4.

Choi, Y. M.; Suh, H. J.; Kim, J. M., Purificação e propriedades da fitase extracelular de *Bacillus sp.* KHU-10. *J Protein Chem* 2001, 20, (4), 287-92.

Cholewa, K.; Parfiniewicz, B.; Bednarek, I.; Swiatkowska, L.; Jezienicka, E.; Kierot, J.; Weglarz, L., A influência do ácido fítico na expressão dos genes do TNF-alfa e dos seus receptores nas células Caco-2 do cancro do cólon. *Ata Pol Pharm* 2008, 65, (1), 75-79.

Chu, H. M.; Guo, R. T.; Lin, T. W.; Chou, C. C.; Shr, H. L.; Lai, H. L.; Tang, T. Y.; Cheng, K. J.; Selinger, B. L.; Wang, A. H., Estruturas da fitase *de Selenomonas ruminantium* em complexo com fitato persulfatado: DSP phytase fold e mecanismo para hidrólise sequencial de substratos. *Structure* 2004, 12, (11), 2015-24.

Ciofalo, V.; Barton, N.; Kretz, K.; Baird, J.; Cook, M.; Shanahan, D., Avaliação da segurança de uma fitase, expressa em *Schizosaccharomyces pombe*, destinada a ser utilizada na alimentação animal. *Regul Toxicol*

Pharmacol 2003, 37, (2), 286-92.

Clarridge, J. E., 3rd, Impact of 16S rRNA gene sequence analysis for identification of bacteria on clinical microbiology and infectious diseases (Impacto da análise da sequência do gene 16S rRNA para identificação de bactérias na microbiologia clínica e doenças infecciosas). *Clin Microbiol Rev* 2004, 17, (4), 840-62, índice.

Coban, H. B.; Demirci, A., Triagem de produtores de fitase e otimização das condições de cultura para fermentação submersa. *Bioprocess Biosyst Eng* 2014, 37, (4), 609-16.

Common, F. H., Biological availability of phosphorus for pigs (Disponibilidade biológica de fósforo para suínos). *Nature* 1989 43, 370-380.

Cooper, J. R.; Gowing, H. S., A method for estimating phosphate in the presence of phytate and its application to the determination of phytase. *Anal Biochem* 1983, 132, (2), 285-7.

Cosgrove, D. J., The chemistry and biochemistry of inositol phosphates (A química e bioquímica dos fosfatos de inositol). *Rev. Pure Appl. Chem* 1966, 16, 209-224.

Cosgrove, D. J., Inositol phosphate phosphatases of microbiological origin. Intermediários de fosfato de inositol na desfosforilação dos hexafosfatos de mio-inositol, scyllo-inositol e D-chiro-inositol por uma fitase bacteriana (*Pseudomonas* sp.). *Aust J Biol Sci* 1970, 23, (6), 1207-20.

Cosgrove DJ, The chemistry and biochemistry of inositol phosphates (A química e bioquímica dos fosfatos de inositol). *Rev. Pure Appl. Chem* 1966, 16, 209-224.

De Angelis, M.; Gallo, G.; Corbo, M. R.; McSweeney, P. L.; Faccia, M.; Giovine, M.; Gobbetti, M., Phytase activity in sourdough lactic acid bacteria: purification and characterization of a phytase from *Lactobacillus sanfranciscensis* CB1. *Int J Food Microbiol* 2003, 87, (3), 259-70.

Demirkan, E.; Baygin, E.; Usta, A., Triagem de hidrólise de fitato Bacillus sp isolado do solo e otimização de certos parâmetros nutricionais e físicos na produção de fitase. *Jornal Turco de Bioquímica-Turk Biyokimya Dergisi* 2014, 39, (2), 206-214.

Dersjant-Li, Y.; Awati, A.; Schulze, H.; Partridge, G., Phytase in non-ruminant animal nutrition: a critical review on phytase activities in the gastrointestinal tract and influencing factors. *J Sci Food Agric* 2014.

Dong, Z.; Huang, C.; Ma, W. Y., PI-3 kinase in signal transduction, cell transformation, and as a target for chemoprevention of cancer. *Anticancer Res* 1999, 19, (5A), 3743-7.

Duane, F. B.; David, A. B., Tethered phytic acid as a probe for measuring phytase activity *Bioorg Med Chem Lett* 2005, 15, 3157-3161.

Eggleton, P., Effect of IP6 on human neutrophil cytokine production and cell morphology (Efeito do IP6 na produção de citocinas por neutrófilos humanos e na morfologia celular). *Anticancer Res* 1999, 19, (5A), 3711-5.

Egli, I.; Davidsson, L.; Juillerat, M. A.; Barclay, D.; Hurrell, R. F., The

Influence of Soaking and Germination on the Phytase Activity and Phytic Acid Content of Grains and Seeds Potentially Useful for Complementary Feeding. *Journal of Food Science* 2002, 67, (9), 34843488.

Eibl, H.; Lands, W. E. M., Uma nova e sensível determinação de fosfato. *Anal. Biochem.* 1969 30 51-57.

Elibol, M., Otimização da composição do meio para a produção de actinorhodin por *Streptomyces coelicolor* A3 (2) com metodologia de superfície de resposta. *Process Biochemistry* 2004, 39, (9), 10571062.

Empson, K. L.; Labuza, T. P.; Graf, E., Phytic acid as a food antioxidant. *Journal of Food Science* 1991, 56, (2), 560-563.

Engelen, A. J.; van der Heeft, F. C.; Randsdorp, P. H.; Smit, E. L., Determinação simples e rápida da atividade da fitase. *J AOAC Int* 1994, 77, (3), 760-4.

Engelen, A. J.; van der Heeft, F. C.; Randsdorp, P. H.; Somers, W. A.; Schaefer, J.; van der Vat, B. J., Determinação da atividade da fitase em alimentos para animais através de um método enzimático colorimétrico: estudo interlaboratorial colaborativo. *J AOAC Int* 2001, 84, (3), 629-33.

Erdman, J. R. J., Oil seed phytates: nutritional implications. . *Journal of the American Oil Chemists Society 1979 56,* 736-741.

Escobin-Mopera, L.; Ohtani, M.; Sekiguchi, S.; Sone, T.; Abe, A.; Tanaka, M.; Meevootisom, V.; Asano, K., Purificação e caraterização da fitase de *Klebsiella pneumoniae* 9-3B. *J Biosci Bioeng* 2012, 113, (5), 562-7.

EY, K.; YH, K.; MH, R.; JC, S.; KW, L.; KS, K.; SP, L.; IS, L.; SC, P., Seleção de *Lactobacillus* sp. PSC101 que produz enzimas alimentares activas como amilase, lipase, fitase e protease em suínos. *J Gen Appl Microbiol* 2007, 53, (2), 111-7.

Farhat, A.; Chouayekh, H.; Ben Farhat, M.; Bouchaala, K.; Bejar, S., Clonagem de genes e caraterização de uma fitase termoestável de *Bacillus subtilis* US417 e avaliação do seu potencial como aditivo alimentar em comparação com uma enzima comercial. *Mol Biotechnol* 2008, 40, (2), 127-35.

Fiske, C. H.; Subbarow, Y., The colorimetric determination of phosphorus. *J. biol. Chem* 1925a, 66, (2), 375-400.

Fiske, C. H.; Subbarow, Y., The colorimetry determination of phosphorous *J Biol Chem* 1925b, 66, (2), 375-400.

Fiske, C. H.; Subbarow, Y., The colorimetry determination of phosphorous *Journal of biological chemsitry* 1925c, (2).

Fox, C. H.; Eberl, M., Phytic acid (IP6), novo agente anti-neoplásico de largo espetro: uma revisão sistemática. *Complement Ther Med* 2002, 10, (4), 229-34.

Fredrikson, M.; Biot, P.; Alminger, M. L.; Carlsson, N. G.; Sandberg, A. S., Processo de produção de isolado proteico de ervilha de alta qualidade com baixo teor de oligossacáridos e fitato. *J Agric Food Chem* 2001, 49, (3), 1208-12.

Fu, D.; Huang, H.; Luo, H.; Wang, Y.; Yang, P.; Meng, K.; Bai, Y.; Wu, N.; Yao, B., Uma fitase altamente estável ao pH de *Yersinia kristeensenii*: clonagem, expressão e caraterização. *Enzyme and Microbial Technology* 2008, 42, (6), 499-505.

Fugthong, A.; Boonyapakron, K.; Sornlek, W.; Tanapongpipat, S.; Eurwilaichitr, L.; Pootanakit, K., Caracterização bioquímica e ensaio de digestibilidade in vitro da fitase de *Eupenicillium parvum* (BCC17694) expressa em *Pichia pastoris*. *Protein Expr Purif* 2010, 70, (1), 60-7.

George, T. S.; Simpson, R. J.; Gregory, P. J.; Richardson, A. E., A interação diferencial de *Aspergillus niger* e *Peniophora lycii* phytases com partículas do solo afecta a hidrólise de fosfatos de inositol. *Soil Biology and Biochemistry* 2007, 39, (3), 793-803.

George, T. S.; Simpson, R. J.; Hadobas, P. A.; Richardson, A. E., Expressão de um gene de fitase fúngica em *Nicotiana tabacum* melhora a nutrição de fósforo de plantas cultivadas em solos alterados. *Plant Biotechnol J* 2005, 3, (1), 129-40.

Gizzi, G.; Thyregod, P.; von Holst, C.; Bertin, G.; Vogel, K.; Faurschou-Isaksen, M.; Betz, R.; Murphy, R.; Andersen, B. B., Determinação da atividade da fitase nos alimentos para animais: estudo interlaboratorial. *J AOAC Int* 2008, 91, (2), 259-67.

Graf, E.; Eaton, J. W., Antioxidant functions of phytic acid (Funções antioxidantes do ácido fítico). *Free Radic Biol Med* 1990, 8, (1), 61-9.

Greiner, R.; Carlsson, N. G., isómeros de fosfato de myo-Inositol gerados pela ação de uma enzima de degradação de fitato de Klebsiella terrigena sobre o fitato. *Can J Microbiol* 2006, 52, (8), 759-68.

Greiner, R.; Farouk, A. E., Purificação e caraterização de uma fitase bacteriana cujas propriedades a tornam excecionalmente útil como suplemento alimentar. *Protein J* 2007, 26, (7), 467-74.

Greiner, R.; Konietzny, U.; Jany, K. D., Purificação e caraterização de duas fitases de *Escherichia coli. Arch Biochem Biophys* 1993, 303, (1), 107-13.

Gulati, H. K.; Chadha, B. S.; Saini, H. S., Produção e caraterização de fitase alcalina termoestável de *Bacillus laevolacticus* isolado do solo da rizosfera. *J Ind Microbiol Biotechnol* 2007a, 34, (1), 91-8.

Gulati, H. K.; Chadha, B. S.; Saini, H. S., Produção, purificação e caraterização de fitase termoestável do fungo termofílico *Thermomyces lanuginosus* TL-7. *Ata Microbiol Immunol Hung* 2007b, 54, (2), 121-38.

Gunashree, B. S.; Venkateswaran, G., Effect of different cultural conditions for phytase production by *Aspergillus niger* CFR 335 in submerged and solid-state fermentations [Efeito de diferentes condições culturais na produção de fitase por *Aspergillus niger* CFR 335 em fermentações submersas e em estado sólido]. *J Ind Microbiol Biotechnol* 2008, 35, (12), 1587-96.

Gutknecht, K., Green genes: alfalfa biofarming is about to take root. *Wisc Agrict Mid-March* 1997, 8-10.

Harrison, A. F., *Soil organic phosphorus : a review of world literature*. C.A.B. International: Wallingford, 1987.

Hartman, G. H. J., Remoção de fitato da proteína de soja. . *Journal of the American Oil Chemists Society 1979 56,* 731-735.

Hatzack, F.; Rasmussen, S. K., High-performance thin-layer chromatography method for inositol phosphate analysis. *J Chromatogr B Biomed Sci Appl* 1999, 736, (1-2), 221-9.

Hegeman, C. E.; Grabau, E. A., Uma nova fitase com semelhança de sequência com fosfatases ácidas roxas é expressa em cotilédones de plântulas de soja em germinação. *Plant Physiol* 2001, 126, (4), 1598-608.

Heinonen, J. K.; Lahti, R. J., A new and convenient colorimetric determination of inorganic orthophosphate and its application to the assay of inorganic orthophosphate and its application to the assy of inorganic pyrophosphates. *Anal Biochem* 1981 113, 313-317.

Henderson, A. J.; Ollila, C. A.; Kumar, A.; Borresen, E. C.; Raina, K.; Agarwal, R.; Ryan, E. P., Propriedades quimiopreventivas do farelo de arroz dietético: estado atual e perspectivas futuras. *Adv Nutr* 2012, 3, (5), 643-53.

Hengge-Aronis, R., Regulation of gene expression during entry into stationary phase (Regulação da expressão genética durante a entrada na fase estacionária). *Escherichia coli and Salmonella: cellular and molecular biology, 2nd ed., ASM Press, Washington DC 1996 1497-1512. ASM Press, Washington, DC* 1996, 1497-1512.

Hoiberg-Nielsen, R.; Fuglsang, C. C.; Arleth, L.; Westh, P., Inter-relações de glicosilação e cinética de agregação para *Peniophora lycii* phytase. *Biochemistry* 2006, 45, (15), 5057-66.

Hosseinkhani, B.; Emtiazi, G.; Nahvi, I., Análise de bactérias produtoras de fitase (Pseudomonas sp.) a partir de fezes de aves e otimização da produção desta enzima. *Jornal Africano de Biotecnologia,* 2009, 8, 4229-4232.

Howson, S. J.; Davis, R. P., Production of phytate hydrolyzing enzyme by some fungi. *Enzyme and Microbiol Technology* 1983 5, 377- 382.

Huang, H.; Luo, H.; Wang, Y.; Fu, D.; Shao, N.; Yang, P.; Meng, K.; Yao, B.,

Nova fitase ativa a baixa temperatura de *Erwinia carotovora* var.carotovota ACCC 10276. *J Microbiol Biotechnol* 2009, 19, (10), 1085-91.

Huang, H.; Luo, H.; Yang, P.; Meng, K.; Wang, Y.; Yuan, T.; Bai, Y.; Yao, B., Uma nova fitase com caraterísticas preferenciais de *Yersinia intermedia*. *Biochem Biophys Res Commun* 2006, 350, (4), 884-9.

Hurrell, R. F.; Reddy, M. B.; Juillerat, M. A.; Cook, J. D., Degradation of phytic acid in cereal porridges improves iron absorption by human subjects. *Am J Clin Nutr* 2003, 77, (5), 1213-9.

Hussin, A.; Farouk, A.-E.; Greiner, R.; Salleh, H.; Ismail, A., Produção de enzimas de degradação de fitatos por bactérias isoladas do solo da Malásia. *Jornal Mundial de Microbiologia e Biotecnologia* 2007, 23, (12), 1653-1660.

Idriss, E. E.; Makarewicz, O.; Farouk, A.; Rosner, K.; Greiner, R.; Bochow, H.; Richter, T.; Borriss, R., Extracellular phytase activity of *Bacillus amyloliquefaciens* FZB45 contributes to its plant-growth-promoting effect. *Microbiologia* 2002, 148, (Pt 7), 2097-109.

Irving, G. C.; Cosgrove, D. J., Interference by myo-inositol hexaphosphate in inorganic orthophosphate determinations. *Anal Biochem* 1970, 36, (2), 381-8.

Irving, G. C.; Cosgrove, D. J., Inositol phosphate phosphatases of microbiological origin. Algumas propriedades de uma fitase bacteriana (*Pseudomonas* sp.) parcialmente purificada. *Aust J Biol Sci* 1971, 24, (3), 547-57.

Irving, G. C. J.; Cosgrove, D. J., The use of hypobromite oxidation to evaluate two current methods for the estimation of inositol polyphosphates in alkaline extracts of soils. *Commun Soil Sci Plan* 1981, 12, (5), 495 - 509.

Jareonkitmongkol, S.; Ohya, M.; Watanabe, R.; Takagi, H.; Nakamori, S., Purificação parcial da fitase de uma bactéria isolada do solo, *Klebsiella oxytoca* MO-3. *Journal of Fermentation and Bioengineering* 1997, 83, (4), 393-394.

Jenab, M.; Thompson, L. U., *Role of phytic acid in cancer and other diseases (Papel do ácido fítico no cancro e noutras doenças)*. CRC Press: Boca Raton, FL: 2002.

Joseph, I.; Paul, R. R., Isolamento e caraterização de estirpes de Bacillus produtoras de fitase do ecossistema de mangais. *Journal of the Marine Biological Association of India* 2007, 49, 177-182.

Karmakar, S.; Banik, N. L.; Ray, S. K., Molecular mechanism of inositol hexaphosphate- mediated apoptosis in human malignant glioblastoma T98G cells. *Neurochem Res* 2007, 32, (12), 2094-102.

Kaur, P.; Singh, B.; Boer, E.; Straube, N.; Piontek, M.; Satyanarayana, T.; Kunze, G., Pphy--a cell-bound phytase from the yeast *Pichia anomala*: molecular cloning of the gene PPHY and characterization of the recombinant enzyme. *J Biotechnol* 2010, 149, (1-2), 8-15.

Kerovuo, J.; Lappalainen, I.; Reinikainen, T., The metal dependence of *Bacillus subtilis* phytase. *Biochem Biophys Res Commun* 2000a, 268, (2), 365-9.

Kerovuo, J.; Lauraeus, M.; Nurminen, P.; Kalkkinen, N.; Apajalahti, J.,

Isolamento, caraterização, clonagem de genes moleculares e sequenciação de uma nova fitase de Bacillus subtilis. *Appl Environ Microbiol* 1998, 64, (6), 2079-85.

Kerovuo, J.; Rouvinen, J.; Hatzack, F., Analysis of myo-inositol hexakisphosphate hydrolysis by *Bacillus* phytase: indication of a novel reaction mechanism. *Biochem J* 2000b, 352 623-8.

Kerovuo, J.; Tynkkynen, S., Expressão da fitase *de Bacillus subtilis* em *Lactobacillus plantarum* 755. *Lett Appl Microbiol* 2000, 30, (4), 325-9.

Khatiwada, J.; Verghese, M.; Davis, S.; Williams, L. L., Chá verde, ácido fítico e inositol em combinação reduziram a incidência de tumores de cólon induzidos por azoximetano em ratos machos Fisher 344. *J Med Food* 2011, 14, (11), 1313-20.

Khetarpaul, N.; Chauhan, B. M., Effect of germination and pure culture fermentation by yeasts and *lactobacilli Journal of Food Science* 1990, 55, 1180-1181.

Kim, M. S.; Weaver, J. D.; Lei, X. G., Montagem de mutações para melhorar a termoestabilidade de

Fitase AppA2 *de Escherichia coli. Appl Microbiol Biotechnol* 2008, 79, (5), 751-8.

Kim, O. H.; Kim, Y. O.; Shim, J. H.; Jung, Y. S.; Jung, W. J.; Choi, W. C.; Lee, H.; Lee, S. J.; Kim, K. K.; Auh, J. H.; Kim, H.; Kim, J. W.; Oh, T. K.; Oh, B. C., A fitase de hélice beta hidrolisa sais insolúveis de Ca(2+)-fitato e anula completamente a capacidade do fitato para quelar iões metálicos. *Biochemistry* 2010, 49, (47), 10216-27.

Kim, T.; Mullaney, E. J.; Porres, J. M.; Roneker, K. R.; Crowe, S.; Rice, S.; Ko, T.; Ullah, A. H.; Daly, C. B.; Welch, R.; Lei, X. G., Shifting the pH profile of *Aspergillus niger* PhyA phytase to match the stomach pH enhances its effectiveness as an animal feed additive. *Appl Environ Microbiol* 2006, 72, (6), 4397-403.

Kim, Y.-O.; Kim, H.-K.; Bae, K.-S.; Yu, J.-H.; Oh, T.-K., Purificação e propriedades de uma fitase termoestável de *Bacillus* sp. DS11. *Enzyme and Microbial Technology* 1998a, 22, (1), 2-7.

Kim, Y. O.; Lee, J. K.; Kim, H. K.; Yu, J. H.; Oh, T. K., Clonagem do gene da fitase termoestável (phy) de *Bacillus* sp. DS11 e sua superexpressão em *Escherichia coli*. *FEMS Microbiol Lett* 1998b, 162, (1), 185-91.

Knowlton, K. F.; Taylor, M. S.; Hill, S. R.; Cobb, C.; Wilson, K. F., Excreção de nutrientes do estrume por vacas em lactação alimentadas com fitase e celulase exógenas. *J Dairy Sci* 2007, 90, (9), 4356-60.

Konietzny, U.; Greiner, R., Molecular and catalytic properties of phytate-degrading enzymes (phytases). *International Journal of Food Science & Technology* 2002, 37, (7), 791-812.

Konietzny, U.; Greiner, R., Fitase bacteriana: Aplicação potencial, função in vivo e regulação da sua síntese. *Revista Brasileira de Microbiologia* 2004, 35, (1-2), 11-18.

Kostrewa, D.; Gruninger-Leitch, F.; D'Arcy, A.; Broger, C.; Mitchell, D.; van Loon, A. P., Crystal structure of phytase from *Aspergillus ficuum* at 2.5 A resolution. *Nat Struct Biol* 1997, 4, (3), 185-90.

Kumar, D.; Rajesh, S.; Balashanmugam, P.; Rebecca, L. J.; Kalaichelvan, P. T., Triagem, otimização e aplicação de fitase extracelular de *Bacillus megaterium* isolado de resíduos de aves. *Jornal de Biotecnologia moderna* 2013, 2, 46-52.

Kunyanga, C. N.; Imungi, J. K.; Okoth, M. W.; Biesalski, H. K.; Vadivel, V., Propriedades funcionais antioxidantes e relacionadas com a diabetes tipo 2 do extrato de ácido fítico de ingredientes alimentares locais do Quénia: efeitos dos métodos de processamento tradicionais. *Ecol Food Nutr* 2011, 50, (5), 452-71.

Kusumadjaja, A. P.; Budiati, T.; Puspaningsih, N. N. T.; Sajidan, S., Screening of thermophilic microorganism from Ijen crater banyuwangi as phytase enzyme producer. *Jornal Indonésio de Química* 2009, 9 (3), 500 - 504.

Lan, G. Q.; Abdullah, N.; Jalaludin, S.; Ho, Y. W., Condições de cultura que influenciam a produção de fitase de Mitsuokella jalaludinii, uma nova espécie bacteriana do rúmen de bovinos. *J Appl Microbiol* 2002, 93, (4), 668-74.

Leeson, S., Recent advances in fat utilization by poultry (Avanços recentes na utilização da gordura pelas aves de capoeira). 1993.

Lehrfeld, J., High-performance liquid chromatography analysis of phytic acid on a pH-stable, macroporous polymer column. *Cereal Chem* 1989, 66, (6), 510-515.

Lei, Phytase: Uma velha enzima para uma nova vida. *Annu. Rev. Anim. Biosci* 2013, 1, (1), 283-309.

Li, D.; Zhu, H.; Liu, K.; Liu, X.; Leggewie, G.; Udvardi, M.; Wang, D., Purple acid phosphatases of *Arabidopsis thaliana*. Análise comparativa e regulação diferencial por privação de fosfato. *J Biol Chem* 2002, 277, (31), 27772-81.

Li, X.; Liu, Z.; Chi, Z.; Li, J.; Wang, X., Clonagem molecular, caraterização e expressão do gene da fitase da levedura marinha *Kodamaea ohmeri* BG3. *Mycol Res* 2009, 113, (1), 24-32.

Lim, D.; Golovan, S.; Forsberg, C. W.; Jia, Z., Estruturas cristalinas da fitase *de Escherichia coli* e do seu complexo com fitato. *Nat Struct Biol* 2000, 7, (2), 108-13.

Luo, H.; Huang, H.; Yang, P.; Wang, Y.; Yuan, T.; Wu, N.; Yao, B.; Fan, Y., Uma nova fitase appA de *Citrobacter amalonaticus* CGMCC 1696: clonagem de genes e sobre-expressão em *Pichia pastoris*. *Curr Microbiol* 2007, 55, (3), 185-92.

Ma, X. F.; Tudor, S.; Butler, T.; Ge, Y.; Xi, Y.; Bouton, J.; Harrison, M.; Wang, Z. Y., A expressão transgénica dos genes da fitase e da fosfatase ácida na alfafa (*Medicago sativa*) leva a uma melhor absorção de fosfato em solos naturais. *Mol Breed* 2012, 30, (1), 377-391.

Mardis, E. R., Next-generation DNA sequencing methods (Métodos de sequenciação de ADN de nova geração). *Annu Rev Genomics Hum Genet* 2008, 9, 387-402.

Marwick, J. D.; Wright, P. C.; Burgess, J. G., Intensificação de bioprocessos para a produção de novos antibióticos bacterianos marinhos através da operação e conceção de bioreactores. *Marine Biotechnology* 1999, 1, (5), 495-507.

Matyka, S.; Korol, W.; Bogusz, G., The retention of phytin phosphorus from diets with fat supplements in broiler chicks. *Animal Feed Science and Technology* 1990, 31, (3-4), 223-230.

Mendoza, C.; Viteri, F. E.; Lonnerdal, B.; Young, K. A.; Raboy, V.; Brown, K. H., Effect of genetically modified, low-phytic acid maize on absorption of iron from tortillas. *Am J Clin Nutr* 1998, 68, (5), 1123-7.

Mittal, A.; Singh, G.; Goyal, V.; Yadav, A.; Aneja, K. R.; Gautam, S. K.; Aggarwal, N. K., Isolamento e caraterização bioquímica de uma estirpe bacteriana extracelular ácido-termofílica produtora de fitase para potencial aplicação na alimentação de aves de capoeira. *Jundishapur J Microbiol* 2011, 4 (4), 273-282.

Miyamoto, S.; Kuwata, G.; Imai, M.; Nagao, A.; Terao, J., Efeito protetor dos produtos de hidrólise do ácido fítico na peroxidação lipídica induzida pelo ferro das membranas lipossomais. *Lipids* 2000, 35, (12), 1411-3.

Mukesh, P.; Suma, S.; Singaracharya, M. A.; Lakshmipathi, V., Isolamento de estirpes microbianas hidrolisantes de fitato a partir de águas residuais tradicionais da fermentação do arroz e de alimentos líquidos para gado. *World Journal of Microbiol and Biotechnol* 2004, 20, (5), 531-534.

Mullaney, E. J.; Locovare, H.; Sethumadhavan, K.; Boone, S.; Lei, X. G.; Ullah, A. H., Mutagénese dirigida ao local de pontes dissulfureto em *Aspergillus niger* NRRL 3135 fitase (PhyA), a sua expressão em *Pichia pastoris* e caraterização catalítica. *Appl Microbiol Biotechnol* 2010, 87, (4), 1367-72.

Nakamura, Y.; Fukuhara, H.; Sano, K., Secreted phytase activities of yeasts. *Biosci Biotechnol Biochem* 2000, 64, (4), 841-4.

Nakashima, B. A.; McAllister, T. A.; Sharma, R.; Selinger, L. B., Diversidade de fitases no rúmen. *Microb Ecol* 2007, 53, (1), 82-8.

Nam, S. J.; Kim, Y. O.; Ko, T. K.; Kang, J. K.; Chun, K. H.; Auh, J. H.; Lee, C. S.; Lee, I. K.; Park, S.; Oh, B. C., Caraterísticas moleculares e bioquímicas da fitase beta-propulsora de Pseudomonas sp. BS10-3 marinha e sua potencial aplicação para aditivos de ração animal. *J Microbiol Biotechnol* 2014, 24, (10), 1413-20.

Nasi, M., Microbial phytase supplementation for improving availability of plant phosphorus in the diet of growing pigs (Suplemento de fitase microbiana para melhorar a disponibilidade de fósforo vegetal na dieta de suínos em crescimento). *Journal of Agricultural Science Finland* 1990, 62, 435-442.

Naves, L. D.; Rodrigues, P. B.; Teixeira, L. D.; de Oliveira, E. C.; Saldanha, M. M.; Alvarenga, R. R.; Correa, A. D.; Lima, R. R., Eficiência da suplementação de fitase microbiana em dietas formuladas com diferentes relações cálcio: fósforo, fornecidas a frangos de corte de 22 a 33 dias de idade. *Journal ofAnimal Physiology and Animal Nutrition* 2015, 99, (1), 139-149.

Nawrocka-Musial, D.; Latocha, M., [Phytic acid--anticancer nutriceutic]. *Pol Merkur Lekarski* 2012, 33, (193), 43-7.

Nayini, N. R.; Markakis, P., The phytase of yeast. *Lebensm.-Wiss. Technol.* 1984, 17, (1), 24-26.

Nelson, T. S., The utilization of phytate phosphorus by poultry - a review. *Poult Sci* 1967, 46, (4), 862-71.

Nelson, T. S.; McGillivray, J. J.; Shieh, T. R.; Wodzinski, R. J.; Ware, J. H., Effect of phytate on the calcium requirement of chicks. *Poult Sci* 1968a, 47, (6), 1985-9.

Nelson, T. S.; Shieh, T. R.; Wodzinski, R. J.; Ware, J. H., A disponibilidade de fósforo fitato na farinha de soja antes e depois do tratamento com um molde de fitase. *Poult Sci* 1968b, 47, (6), 1842-8.

Nelson, T. S.; Shieh, T. R.; Wodzinski, R. J.; Ware, J. H., Effect of supplemental phytase on the utilization of phytate phosphorus by chicks. *J Nutr* 1971, 101, (10), 1289-93.

Neubauer, S.; Borriss, R.; Makarewicz, O., Análise termodinâmica e molecular dos sítios de ligação AbrB dentro da região phyC de *Bacillus amyloliquefaciens* FZB45. *Mol Genet Genomics* 2012, 287, (2), 111-22.

Norhaizan, M. E.; Ng, S. K.; Norashareena, M. S.; Abdah, M. A., Efeito antioxidante e citotoxicidade do ácido fítico do farelo de arroz como agente anticancerígeno em linhas celulares de cancro do ovário, da mama e do fígado. *Malays J Nutr* 2011, 17, (3), 367-75.

Oberleas, D., The role of phytate in zinc bioavailability and homeostasis (O papel do fitato na biodisponibilidade e homeostase do zinco). *Nutritional bioavailability of zinc* 1983, 145-158.

Olstorpe, M.; Schnurer, J.; Passoth, V., Screening of yeast strains for phytase activity. *FEMS Yeast Res* 2009, 9, (3), 478-88.

Osman, A. A.; Babu, P. R.; Venu, K.; Rao, K. V.; Reddy, V. D., Previsão do

local de ligação ao substrato e elucidação do resíduo catalítico de uma fitase de *Bacillus* sp. *Enzyme Microb Technol* 2012, 51, (1), 35-9.

Ostanin, K.; Van Etten, R. L., Asp304 da fosfatase ácida *de Escherichia coli* está envolvida na protonação do grupo de saída. *J Biol Chem* 1993, 268, (28), 20778-84.

Pagano, A. R.; Yasuda, K.; Roneker, K. R.; Crenshaw, T. D.; Lei, X. G., Supplemental *Escherichia coli* phytase and strontium enhance bone strength of young pigs fed a phosphorus- adequate diet. *J Nutr* 2007, 137, (7), 1795-801.

Pandee, P.; Summpunn, P.; Wiyakrutta, S.; Isarangkul, D.; Meevootisom, V., Uma fitase termoestável de *Neosartorya spinosa* BCC 41923 e sua expressão em *Pichia pastoris*. *J Microbiol* 2011, 49, (2), 257-64.

Park, Y. J.; Park, J.; Park, K. H.; Oh, B. C.; Auh, J. H., A suplementação de fitase alcalina (Ds11) no pão de trigo integral reduz o teor de fitato e melhora a solubilidade mineral. *J Food Sci* 2011, 76, (6), C791-4.

Pelczar Jr, M.; Chan, E.; Krieg, N. R., *Microbiology*. McGraw-Hill: 1993.

Porres, J. M.; Etcheverry, P.; Miller, D. D.; Lei, X. G., Phytase and citric acid supplementation in whole-wheat bread improves phytate-phosphorus release and iron dialyzability. *Journal of Food Science* 2001, 66, (4), 614-619.

Priyadarshini, S. R. B.; Mugeraya, G.; Sandhyavali, M. S., Efeito dos constituintes do meio na atividade enzimática microbiana *IJPCBS* , 2012, 2 (3), 236-241.

Puhl, A. A.; Greiner, R.; Selinger, L. B., A protein tyrosine phosphatase-like inositol polyphosphatase from *Selenomonas ruminantium* subsp. lactilytica has specificity for the 5- phosphate of myo-inositol hexakisphosphate. *Int J Biochem Cell Biol* 2008, 40, (10), 2053-64.

Quan, C.; Zhang, L.; Wang, Y.; Ohta, Y., Produção de fitase num meio com baixo teor de fosfato por uma nova levedura *Candida krusei*. *J Biosci Bioeng* 2001, 92, (2), 154-60.

Raghavendra, P.; Halami, P. M., Rastreio, seleção e caraterização de bactérias lácticas degradadoras de ácido fítico do intestino de galinha. *Int J Food Microbiol* 2009, 133, (1-2), 129- 34.

Ragon, M.; Hoh, F.; Aumelas, A.; Chiche, L.; Moulin, G.; Boze, H., Estrutura da fitase *de Debaryomyces castellii* CBS 2923. *Ata Crystallogr Sect F Struct Biol Cryst Commun* 2009, 65, (Pt 4), 321-6.

Rani, R.; Ghosh, S., Produção de fitase sob fermentação em estado sólido usando *Rhizopus oryzae*: nova abordagem de melhoria de estirpe e estudos sobre purificação e caraterização. *Bioresour Technol* 2011, 102, (22), 10641-9.

Raun, A.; Cheng, E.; Burroughs, W., Phytate phosphorus hydrolysis and availability to rumen microorganism.. *Agricultural and Food Chemistry* 1956, 48, 869-871.

Reddy, C. S.; Achary, V. M.; Manna, M.; Singh, J.; Kaul, T.; Reddy, M. K., Isolamento e caraterização molecular da fitase termoestável de Bacillus subtilis (BSPhyARRMK33). *Appl Biochem Biotechnol* 2015, 175, (6), 3058-67.

Reddy, N. R., Ocorrência, distribuição, conteúdo e ingestão dietética de fitato. *Food phytates* 2002, 25-51.

Reddy, N. R.; Sathe, S. K.; Salunkhe, D. K., Phytates in legumes and cereals. *Adv Food Res* 1982, 28, 1-92.

Richard, D. B.; Edward, A. D., Rapid colorimetric methods for the determination of phosphorus in urine and blood (Métodos colorimétricos rápidos para a determinação de fósforo na urina e no sangue). *J Biol Chem.* 1920, 44, 55-67.

Richardson, A.; Hadobas, P., Soil isolates of *Pseudomonas* spp. that utilize inositol phosphates. *Canadian Journal of Microbiology* 1997a, 43, (6), 509-516.

Richardson, A. E.; Hadobas, P. A., Soil isolates of *Pseudomonas* spp. that utilize inositol phosphates. *Can J Microbiol* 1997b, 43, (6), 509-16.

Richardson, A. E.; Hadobas, P. A.; Hayes, J. E., Extracellular secretion of *Aspergillus* phytase from *Arabidopsis* roots enables plants to obtain phosphorus from phytate. *Plant J* 2001, 25, (6), 641-9.

Ries, E. F.; Alves Macedo, G., Melhoria da atividade da fitase por uma nova estirpe *de Saccharomyces cerevisiae* usando otimização estatística. *Enzyme Res* 2011, 2011, 796394.

Rodriguez, E.; Mullaney, E. J.; Lei, X. G., Expressão do gene da fitase de *Aspergillus fumigatus* em *Pichia pastoris* e caraterização da enzima recombinante. *Biochem Biophys Res Commun* 2000a, 268, (2), 373-8.

Rodriguez, E.; Wood, Z. A.; Karplus, P. A.; Lei, X. G., Site-direted mutagenesis improves catalytic efficiency and thermostability of *Escherichia coli* pH 2.5 acid phosphatase/phytase expressed in *Pichia pastoris*. *Arch*

Biochem Biophys 2000b, 382, (1), 105-12.

Rokem, J. S.; Lantz, A. E.; Nielsen, J., Systems biology of antibiotic production by microorganisms. *Nat Prod Rep* 2007, 24, (6), 1262-1287.

Saied, I. T.; Shamsuddin, A. M., Up-regulation of the tumor suppressor gene p53 and WAF1 gene expression by IP6 in HT-29 human colon carcinoma cell line. *Anticancer Res* 1998, 18, (3A), 1479-84.

Saima, M. A. S.; Pasha, T. N.; Akram, M.; Ditta, Y. A.; Khan, M. Z. U., Efeito da Suplementação de Fitase Microbiana no Desempenho de Crescimento de Codornas Japonesas. *Jornal de Ciências Animais e Vegetais* 2014, 24, (1), 19-23.

Sajidan, A.; Farouk, A.; Greiner, R.; Jungblut, P.; Muller, E. C.; Borriss, R., Caracterização molecular e fisiológica de uma 3-fitase da bactéria do solo *Klebsiella* sp. ASR1. *Appl Microbiol Biotechnol* 2004, 65, (1), 110-8.

Sandberg, A. S.; Andersson, H., Effect of dietary phytase on the digestion of phytate in the stomach and small intestine of humans. *J Nutr* 1988, 118, (4), 469-73.

Sandberg, A. S.; Brune, M.; Carlsson, N. G.; Hallberg, L.; Skoglund, E.; Rossander-Hulthen, L., Inositol phosphates with different numbers of phosphate groups influence iron absorption in humans. *Am J Clin Nutr* 1999, 70, (2), 240-6.

Sano, K.; Fukuhara, H.; Nakamura, Y., Phytase of the yeast *Arxula adeninivorans*. *Biotechnol. Lett.* 1999, 21, 33-38.

Segueilha, L.; Lambrechts, C.; Boze, H. l. n.; Moulin, G.; Galzy, P., Purificação e propriedades da fitase de Schwanniomyces castellii. *Journal of Fermentation and Bioengineering* 1992, 74, (1), 7-11.

Selle, P. H.; Gill, R. J.; Scott, T. A. In ***Effects of pre-pelleted wheat and phytase supplementation on broiler growth performance and nutrient utilisation***, 2007, 2007; 2007; pp 182-185.

Selle, P. H.; Ravindran, V., Microbial phytase in poultry nutrition (Fitase microbiana na nutrição de aves de capoeira). *Animal Feed Science and Technology* 2007, 135, (1-2), 1-41.

Selle, P. H.; Ravindran, V., Phytate-degrading enzymes in pig nutrition (Enzimas de degradação de fitatos na nutrição de suínos). *Livestock Science* 2008, 113, (2-3), 99-122.

Shah, P.; Bhavsar, K.; Soni, S. K.; Khire, J. M., Melhoramento da estirpe e aumento da escala da produção de fitase por *Aspergillus niger* NCIM 563 em condições de fermentação submersa. *J Ind Microbiol Biotechnol* 2009, 36, (3), 373-80.

Shah, V.; Parekh, L. J., Phytase from *Klebsiella* Sp. No. PG-2: purificação e propriedades.

***Indian J Biochem Biophys* 1990, 27, (2), 98-102.**

Shang, Y.; Rogiewicz, A.; Patterson, R.; Slominski, B. A.; Kim, W. K., O efeito da suplementação de fitase e fruto-oligossacarídeo no desempenho de crescimento, qualidade óssea e utilização de fósforo em frangos de corte. *Poult Sci* 2015.

Shendure, J.; Ji, H., Next-generation DNA sequencing (Sequenciação de ADN de nova geração). *Nat Biotechnol* 2008, 26, (10), 1135-45.

Shieh, T. R.; Ware, J. H., Pesquisa de microrganismos para a produção de fitase extracelular.

Appl Microbiol 1968, 16, (9), 1348-51.

Shimizu, M., Purificação e caraterização da fitase de Bacillus suhtilis (natto) Na€"77.

Bioscience, Biotechnology, and Biochemistry 1992, 56, (8), 1266-1269.
Shimizu, M., Purificação e caraterização da fitase e da fosfatase ácida produzidas por

Aspergillus oryzae K1. *Biosci. Biotech. Biochem* 1993, 57, (8), 1364-1365.

Simons, P. C.; Versteegh, H. A.; Jongbloed, A. W.; Kemme, P. A.; Slump, P.; Bos, K. D.; Wolters, M. G.; Beudeker, R. F.; Verschoor, G. J., Improvement of phosphorus availability by microbial phytase in broilers and pigs. *Br J Nutr* 1990, 64, (2), 525-40.

Singh, B.; Satyanarayana, T., Phytase production by *Sporotrichum thermophile* in a costffective cane molasses medium in submerged fermentation and its application in bread. *J Appl Microbiol* 2008, 105, (6), 1858-65.

Singh, B.; Satyanarayana, T., Characterization of a HAP-phytase from a thermophilic mould *Sporotrichum thermophile*. *Bioresour Technol* 2009, 100, (6), 2046-51.

Singh, H.; Felts, R. L.; Schuermann, J. P.; Reilly, T. J.; Tanner, J. J., Crystal structures of the histidine acid phosphatase from *Francisella tularensis* provide insight into substrate recognition. *J Mol Biol* 2009, 394, (5), 893-904.

Singh, N. K.; Joshi, D. K.; Gupta, R. K., Isolamento de bactérias produtoras de fitase e otimização dos parâmetros de produção de fitase. *Jundishapur J Microbiol* 2012, 6, (5), e6419.

Sreeramulu, G.; Sreenivasa, D. S.; Nand, K.; Joseph, R., *Lactobacillus amylovorus* como produtor de fitase em cultura submersa. . *Cartas em Microbiologia Aplicada* 1996 23, (385-388.).

Taheri, H. R.; Heidari, A.; Shahir, M. H., Effect of high-dose phytase supplementation in broilers from 22 to 42 days post-hatch given diets severely limited in available phosphorus. *Br Poult Sci* 2015.

Tambe, S.; Kaklij, G.; Kelkar, S.; Parekh, L., Duas formas moleculares distintas de fitase de *Klebsiella aerogenes*: Evidência de um péptido enzimático ativo invulgarmente pequeno. *Journal of Fermentation and Bioengineering* 1994, 77, (1), 23-27.

Thyagarajan, R.; Namasivayam, S. K. R.; N.G, K., Otimização dos componentes do meio para a produção de fitase por Hypocrea lixii SURT01 usando a metodologia de superfície de resposta. *Jornal de Microbiologia Pura e Aplicada* 2014, 8, (3), 2485-2490.

Tian, Y. S.; Peng, R. H.; Xu, J.; Zhao, W.; Gao, F.; Fu, X. Y.; Xiong, A. S.; Yao, Q. H., Mutagénese semirracional dirigida ao local de phyI1s de *Aspergillus niger* 113 em dois resíduos para melhorar a sua atividade de fitase. *Mol Biol Rep* 2011, 38, (2), 977-82.

Tran, T. T.; Hashim, S. O.; Gaber, Y.; Mamo, G.; Mattiasson, B.; Hatti-Kaul,

R., Fitase alcalina termoestável de *Bacillus* sp. MD2: efeito de metais divalentes na atividade e estabilidade. *J Inorg Biochem* 2011a, 105, (7), 1000-7.

Tran, T. T.; Hatti-Kaul, R.; Dalsgaard, S.; Yu, S., Um ensaio cinético simples e rápido para fitases usando o complexo ácido fítico-proteína como substrato. *Anal Biochem* 2011b, 410, (2), 177-84.

Tran, T. T.; Mamo, G.; Mattiasson, B.; Hatti-Kaul, R., A thermostable phytase from *Bacillus* sp. MD2: clonagem, expressão e produção de alto nível em *Escherichia coli*. *J Ind Microbiol Biotechnol* 2010, 37, (3), 279-87.

Tseng, Y. H.; Fang, T. J.; Tseng, S. M., Isolamento e caraterização de uma nova fitase de *Penicillium simplicissimum*. *Folia Microbiol (Praha)* 2000, 45, (2), 121-7.

Tungala, A.; Narayanan, A. K.; Muthuraman, M. S., Isolamento de bactérias produtoras de fitase a partir de fezes de aves de capoeira e otimização das condições de cultura para uma maior produção de fitase. *Int J Pharm Pharm Sci* 2013, 5, (4), 264-269.

Ullah, A. H.; Cummins, B. J.; Dischinger, H. C., Jr., Cyclohexanedione modification of arginine at the active site of *Aspergillus ficuum* phytase. *Biochem Biophys Res Commun* 1991, 178, (1), 4553.

Ullah, A. H.; Sethumadhavan, K.; Mullaney, E. J.; Ziegelhoffer, T.; Austin-Phillips, S., O gene fúngico phyA clonado e expresso em alfafa produz uma fitase estável. *Biochem Biophys Res Commun* 2002, 290, (4), 1343-8.

van der Heiden, C.; Desplanque, J., On the determination of orthophosphate as a phosphomolybdate-vanadate complex. *Anal Biochem* 1971, 43, (2), 622-628.

Van Etten, R. L.; Waymack, P. P., Especificidade do substrato e dependência do pH da fosfatase ácida homogénea do germe de trigo. *Arch Biochem Biophys* 1991, 288, (2), 634-45.

Van Staden, J.; den Haan, R.; van Zyl, W. H.; Botha, A.; Viljoen-Bloom, M., Phytase activity in *Cryptococcus laurentii* ABO 510. *FEMS Yeast Res* 2007, 7, (3), 442-8.

Vats, P.; Banerjee, U. C., Estudos sobre a produção de fitase por uma estirpe recentemente isolada de Aspergillus niger var teigham obtida a partir de troncos de madeira podres. *Process Biochemistry* 2002, 38, (2), 211-217.

Vats, P.; Banerjee, U. C., Biochemical characterisation of extracellular phytase (myo-inositol hexakisphosphate phosphohydrolase) from a hyper-producing strain of *Aspergillus niger* van Teighem. *J Ind Microbiol Biotechnol* 2005, 32, (4), 141-7.

Vats, P.; Bhattacharyya, M. S.; Banerjee, U. C., Use of phytases (myo-Inositolhexakisphosphate Phosphohydrolases) for combatting environmental pollution: a biological approach. *Critical Reviews in Environmental Science and Technology* 2005, 35, (5), 469-486.

Viader-Salvado, J. M.; Gallegos-Lopez, J. A.; Carreon-Trevino, J. G.; Castillo-Galvan, M.; Rojo-Dominguez, A.; Guerrero-Olazaran, M., Conceção de fitases beta-propulsoras termoestáveis com atividade numa vasta gama de pHs e a sua superprodução por *Pichia pastoris. Appl Environ Microbiol* 2010, 76, (19), 6423-30.

Vohra, A.; Satyanarayana, T., Produção de fitase pela levedura *Pichia anomala Biotechnol Lett* 2001a, 23 551-554.

Vohra, A.; Satyanarayana, T., Produção de fitase pela levedura *Pichia anomala. Biotechnology Letters* 2001b, 23, (7), 551-554.

Vohra, A.; Satyanarayana, T., Purificação e caraterização de uma fitase termoestável e estável em ácido de *Pichia anomola. World J Microbiol Biotechnol* 2002 -a, 18, 687-691.

Vohra, A.; Satyanarayana, T., Purification and characterizationof a thermostable and acid stable phytase from *Pichia anomola. World Journal of Microbiology and Biotechnology* 2002 -b, 18 687-691.

Vohra, A.; Satyanarayana, T., Phytases: microbial sources, production, purification, and potential biotechnological applications. *Crit Rev Biotechnol* 2003, 23, (1), 29-60.

Vohra, A.; Satyanarayana, T., A cost-effective cane molasses medium for enhanced cell-bound phytase production by *Pichia anomala. J Appl Microbiol* 2004, 97, (3), 471-6.

Volfova, O.; Dvorakova, J.; Hanzlikova, A.; Jandera, A., Phytase from *Aspergillus niger. Folia Microbiol (Praha)* 1994, 39, (6), 481-4.

Wang, H. L.; Swain, E. W.; Haseltine, C. W., Phytase of molds used in oriental food fermentation.. *Journal Food Science* 1980, 45, 1264-1266.

Wang, M.; Hettiarachchy, N. S.; Qi, M.; Burks, W.; Siebenmorgen, T., Preparação e propriedades funcionais do isolado proteico de farelo de arroz.

J Agric Food Chem 1999, 47, (2), 411-6.

Wang, S.; Hu, K.; Lin, W., [Rastreio da estirpe produtora de fitase e das suas condições óptimas de produção de fitase em estado sólido]. *Ying Yong Sheng Tai Xue Bao* 2005, 16, (11), 2154-7.

Wang, X.; Upatham, S.; Panbangred, W.; Isarangkul, D.; Summpunn, P.; Wiyakrutta, S.; Meevootisom, V., Purificação, Caracterização, Clonagem de Genes e Análise de Sequências de uma Fitase de *Klebsiella pneumoniae subsp. pneumoniae XY-5*. *Science asia* 2004, 30, 383-390.

Wang, Y.; Gao, X.; Su, Q.; Wu, W.; An, L., Clonagem, expressão e caraterização enzimática de uma fitase estável ao calor ácido de Aspergillus fumigatus WY-2. *Curr Microbiol* 2007, 55, (1), 65-70.

Wang, Z. H.; Dong, X. F.; Tong, J. M.; Xu, S. Z., Efeitos do produto de fermentação contendo fitase no desempenho produtivo, qualidade do ovo e metabolismo aparente de fósforo de galinhas poedeiras alimentadas com diferentes níveis de fósforo. *Jornal de Agricultura Integrativa* 2014, 13, (10), 2253-2259.

Williams, K. A.; Kolappaswamy, K.; Detolla, L. J.; Vucenik, I., Efeito protetor do hexafosfato de inositol contra os danos causados pelos raios UVB nas células HaCaT e a carcinogénese cutânea em ratinhos sem pelo SKH1. *Comp Med* 2011, 61, (1), 39-44.

Wodzinski, R. J.; Ullah, A. H., Phytase. *Adv Appl Microbiol* 1996, 42, 263-302.

Woo, P. C.; Lau, S. K.; Teng, J. L.; Tse, H.; Yuen, K. Y., Antes e agora:

utilização da sequenciação do gene 16S rDNA para identificação bacteriana e descoberta de novas bactérias em laboratórios de microbiologia clínica. *Clin Microbiol Infect* 2008, 14, (10), 908-34.

Wright, E. S.; Yilmaz, L. S.; Noguera, D. R., DECIPHER, uma abordagem baseada em pesquisa para identificação de quimeras para sequências de 16S rRNA. *Appl Environ Microbiol* 2012, 78, (3), 717-25.

Wu, D.; Zhang, J. M.; Wang, X. Q.; Deng, L. Q.; Li, L. J., Efeitos do milho transgénico com fitase no desempenho do crescimento e na utilização de cálcio e fósforo em frangos de carne. *Journal of Poultry Science* 2014, 51, (1), 29-34.

Wyss, M.; Pasamontes, L.; Friedlein, A.; Remy, R.; Tessier, M.; Kronenberger, A.; Middendorf, A.; Lehmann, M.; Schnoebelen, L.; Rothlisberger, U.; Kusznir, E.; Wahl, G.; Muller, F.; Lahm, H. W.; Vogel, K.; van Loon, A. P., Caracterização biofísica de fitases fúngicas (myo-inositol hexakisphosphate phosphohydrolases): tamanho molecular, padrão de glicosilação e engenharia de resistência proteolítica. *Appl Environ Microbiol* 1999, 65, (2), 359-66.

Xiao, K.; Harrison, M. J.; Wang, Z. Y., A expressão transgénica de um novo gene de fitase *de M. truncatula* resulta numa melhor aquisição de fósforo orgânico por Arabidopsis. *Planta* 2005, 222, (1), 27-36.

Yanke, L. J.; Bae, H. D.; Selinger, L. B.; Cheng, K. J., Phytase activity of anaerobic ruminal bacteria. *Microbiology* 1998, 144 (Pt 6), 1565-73.

Yanke, L. J.; Selinger, L. B.; Cheng, K. J., Phytase activity of *Selenomonas ruminantium*: a preliminary characterization. *Cartas em Microbiologia*

Aplicada 1999, 29, (1), 20-25.

Yoon, J. H.; Thompson, L. U.; Jenkins, D. J., The effect of phytic acid on in vitro rate of starch digestibility and blood glucose response. *Am J Clin Nutr* 1983, 38, (6), 835-42.

Yoon, S.; Choi, Y.; Min, H.; Cho, K. K.; Kim, J.; Lee, S.; Jung, Y., Isolamento e identificação da bactéria produtora de fitase, Enterobacter sp. 4, e propriedades enzimáticas da enzima fitase. *Enzyme and Microbial Technology* 1996, 18, (6), 449-454.

Zhang, G. Q.; Dong, X. F.; Wang, Z. H.; Zhang, Q.; Wang, H. X.; Tong, J. M., Purificação, caraterização e clonagem de uma nova fitase com pH ótimo baixo e forte resistência à proteólise de *Aspergillus ficuum* NTG-23. *Bioresour Technol* 2010, 101, (11), 4125-31.

Zhang, R.; Yang, P.; Huang, H.; Yuan, T.; Shi, P.; Meng, K.; Yao, B., Caracterização molecular e bioquímica de uma nova fitase beta-propulsora alcalina da bactéria simbiótica de insectos *Janthinobacterium* sp. TN115. *Appl Microbiol Biotechnol* 2011, 92, (2), 317-25.

Zhang, W.; Lei, X. G., Melhorias cumulativas da termoestabilidade e do perfil de atividade em pH da fitase PhyA *de Aspergillus niger* por mutagénese dirigida ao local. *Appl Microbiol Biotechnol* 2008, 77, (5), 1033-40.

Zhang, W.; Mullaney, E. J.; Lei, X. G., A adoção de ligações de hidrogénio selecionadas e interações iónicas da estrutura da fitase *de Aspergillus fumigatus* melhora a termoestabilidade da fitase PhyA *de Aspergillus niger*. *Appl Environ Microbiol* 2007, 73, (9), 3069-76.

Zhang, X.; Roland, D. A.; McDaniel, G. R.; Rao, S. K., Effect of Natuphos Phytase supplementation to feed on performance and ileal digestibility of protein and amino acids of broilers. *Poult Sci* 1999, 78, (11), 1567-72.

Zhao, D. M.; Wang, M.; Mu, X. J.; Sun, M. L.; Wang, X. Y., Seleção, clonagem e sobre-expressão de *Aspergillus niger* phytase (phyA) em *Pichia pastoris* com caraterísticas favoráveis. *Lett Appl Microbiol* 2007, 45, (5), 522-8.

Zhao, W.; Xiong, A.; Fu, X.; Gao, F.; Tian, Y.; Peng, R., Expressão de alto nível de uma fitase ácido-estável de *Citrobacter freundii* em *Pichia pastoris*. *Appl Biochem Biotechnol* 2010, 162, (8), 2157-65.

MIX
Papier aus verantwortungsvollen Quellen
Paper from responsible sources
FSC® C105338

Printed by Books on Demand GmbH, Norderstedt / Germany